BIANWEIHUI

编委会

SHESHI LAJIAO ZAIPEI

设施辣椒栽培

张新学 胡双喜 李双元 主编

黄河出版传媒集团
阳光出版社

图书在版编目（CIP）数据

设施辣椒栽培 / 张新学, 胡双喜, 李双元主编.
银川：阳光出版社，2025.1. —— ISBN 978-7-5525
-7531-6

Ⅰ. S628

中国国家版本馆CIP数据核字第2024FV8414号

设施辣椒栽培　　　　　张新学　胡双喜　李双元　主编

责任编辑　金小燕
封面设计　王　烨
责任印制　岳建宁

黄河出版传媒集团
阳光出版社　出版发行

出 版 人　薛文斌
地　　址　宁夏银川市北京东路139号出版大厦（750001）
网　　址　http：//ssp.yrpubm.com
网上书店　http：//shop129132959.taobao.com
电子信箱　yangguangchubanshe@163.com
邮购电话　0951-5047283
经　　销　全国新华书店
印刷装订　宁夏凤鸣彩印广告有限公司
印刷委托书号　（宁）0031279

开　　本　787 mm×1092 mm　1/16
印　　张　9.5
字　　数　180千字
版　　次　2025年1月第1版
印　　次　2025年1月第1次印刷
书　　号　ISBN 978-7-5525-7531-6
定　　价　68.00元

前言 / Preface

    《设施辣椒栽培》由固原市职业技术学校和宁夏一山科技有限公司等组织长期从事设施农业产业技术研究和教学的专家和老师共同编写，主要用作农业类中等专科学校、职业技术学校的教材，也可以作为从事设施辣椒种植的相关企业、农户的种植技术参考用书。

    宁夏地处黄土高原夏秋蔬菜生产优势区域，具有得天独厚的自然条件，生产的辣椒的品质优异，得到了国内消费者的广泛认可。近年来，宁夏通过调整产业结构，优化种植模式，大力发展设施农业和露地蔬菜，蔬菜产业规模不断扩大，产量和品质逐年提升，蔬菜产业已成为宁夏经济发展中的重要产业，也是宁夏农产品走向全国的一张靓丽的名片。冷凉蔬菜被列入宁夏回族自治区重点支持和大力发展的"六特"农业特色产业之一，表明蔬菜产业特别是设施蔬菜在宁夏具有广阔的发展前景，设施辣椒作为设施蔬菜的重要组成部分，将会得到大力的发展。

    本书主要介绍了辣椒的起源、种植分布、植物学特征、栽培条件、种苗繁育、高效栽培、病虫害防治、产品管理、预制加工等方面的内容。编写时采用模块化方式将上述内容分类，再通过技术任务分解教学重难点，辅之以练习思考题，以达到理论、实践、思考相结合的教学效果。

本书包含六个模块。张新学、李碧霞、何桂琴负责"辣椒起源与栽培概述"模块的编写工作。胡双喜、叶晓东、陈芳、杨彩玲编写"辣椒栽培前设施准备"模块。李双元主笔，王琴、买自珍、吴彩霞协助编写"设施辣椒的种苗繁育"模块。马海财、王鑫、罗旭歌、郑艾琴负责"设施辣椒生长期田间管理技术"模块的编写工作。刘孝荣、时发亿、张倩、贾小琴共同编写"设施辣椒病虫害防治"模块。赵万余、马利、罗琛杰共同负责"设施辣椒的生产管理"模块的编写。

由于编者理论水平和技术能力的局限性，本书难免存在不足之处，敬请读者批评指正。

目录 /Contents

模块一　辣椒起源与栽培概述

（9学时，理论5学时、实践4学时）

项目一　设施辣椒栽培的品种分布

【学习目标】

1. 知识目标：学习全国和本地区设施辣椒栽培分布、主栽种类，掌握本地区主栽设施辣椒种类方面的知识。

2. 能力目标：学习全国和本地区的设施辣椒栽培分布，有助于我们更好地把握市场需求，优化栽培资源，提高本地区设施辣椒的市场竞争力。

3. 素质目标：设施农业是我国农业生产的重要组成部分，熟悉本地区主推的设施辣椒栽培类型，有助于我们更好地贯彻落实国家农业政策，推动农业现代化进程，实施乡村振兴战略。

任务一　辣椒的起源与栽培历史

辣椒（*Capsicum annuum L.*）是茄科辣椒属的一年生或有限多年生植物，其根系不发达，茎为直立型；单叶互生，卵圆形，叶面光滑；花单生或簇生，多为白色；果面平滑或皱褶，具光泽；果实呈扁圆、圆球、圆锥或线形，种子为淡黄色的扁肾形；花果期为5~11月。《饮食精粹新编》记载："辣椒因茎似茄，味极辛辣，故又名番椒。"其含有多种维生素，维生素C的含量在蔬菜中居首位，既可作鲜菜用，也可作调料，并且干辣椒及辣椒粉是中国重要的出口产品。辣椒是喜温作物，不耐霜冻，耐旱。

一、辣椒的起源

关于辣椒的起源地，学术界观点还不一致，但多数人认为辣椒属起源于南美洲的玻利维亚，在玻利维亚发现了野生辣椒，另外在墨西哥、哥伦比亚等地也找到了野生辣椒的原生地。最原始的野生辣椒实际上就是一种多年生杂草，在原生地里野生辣椒株高 1~2 m，在果实成熟时期，野生辣椒果实小，色泽鲜红，成熟果实很快就会脱落。野生辣椒通过自然的力量和人类的活动，被带出玻利维亚起源地，传播到雨水充足的热带、亚热带地区后，辣椒则长得更加高大，茎干更加粗壮，也更加木质化。野生辣椒主要依靠鸟儿传播种子，生长区域随之北移，从南美洲穿过中美洲和加勒比海，进入北美洲的西南部。辣椒栽培种的驯化最早是在墨西哥和中美洲北部开始的，最先驯化出来的栽培种是一年生辣椒，已有 6 000 多年的栽培历史。其后在加勒比地区驯化出灌木辣椒，在玻利维亚谷地驯化出下垂辣椒，在安第斯山脉南部的半山腰上驯化出绒毛辣椒，它们的栽培历史至少有 4 000 多年。造成离野生辣椒起源地玻利维亚最远的墨西哥和中美洲北部成为栽培辣椒最早起源地的原因是：从野生辣椒原产区迁出去的移民，为了今后还能享受美味的辣椒，将原居地的野生辣椒移植到新迁移地进行人工栽培，从此才开始了辣椒驯化。

20 世纪 70 年代，我国植物学家在云南西双版纳原始森林中发现野生型极辣的小米椒，1993 年又在湖北神农架地区发现了野生黄辣椒，证明中国也是辣椒的原产地。辣椒传入中国的年代未见具体记载，李继强在《湖南日报》发表的文章《无辣不欢说湘菜》中指出比较公认的中国最早关于辣椒的记载是明代万历十九年（公元 1591 年）高濂撰《遵生八笺》，有"番椒：丛生，白花，子俨秃笔头，味辣，色红，甚可观"的描述。通常认为，辣椒是明朝末年传入中国。但是，《吕氏春秋·孝行览·本味》记载了伊尹"说汤以至味"的故事。商汤时的宰相伊尹原是一位厨师，他给商汤讲治国有如调和味道，"调和之事，必以甘酸苦辛咸"五味。"辛"就是辣，《通俗文》云："辛甚曰辣。"这说明，起码从商代以来，我国人民就把辛辣作为"至味"的五味之一，特别是江汉一带，更是如此。《楚辞·招魂》云"大苦醎酸，辛甘行些"，可见楚人甚至祭祀时都要有辣食。到了战国秦汉之时，还把味道与四季养生联系起来。《礼记·内则第十二》云："凡和，春多酸、夏多苦、秋多辛、冬多咸，调以滑甘。"近代著名植物学家蔡希陶等人合译的权威著作《农艺植物考源》，经多方论证后认定，我国南方和热带地区存在原生态的野辣椒，如云南西双版纳、思茅、澜沧一带分布有一年生的"涮辣椒"及多年生的"小米辣"。只是南美洲栽培普遍些，我国古代没有普遍栽培而已。

二、国内外辣椒的栽培分布区域

目前全球有三分之二的国家（地区）栽培和食用辣椒，主产国家（地区）有中国、印度尼西亚、墨西哥、土耳其、西班牙、埃及等。多年来，中国、墨西哥和印度尼西亚一直是全球辣椒主要的生产国，在国际辣椒产业中占据主导地位。2020 年，中国辣椒栽培面积及产量在全球比重分别为 39.32%、54.24%，均位列全球第一，与排名第二的印度尼西亚相比，栽培面积高出 31.65%，产量高出 39.03%。

三、中国的辣椒主要产区

云南产区：云南省是全国辣椒主要栽培地区之一，面积 30 多万亩（1 亩 $\approx 667\,m^2$），拥有众多独特地标的辣椒资源，如丘北小辣椒、涮辣、大树辣、小米辣等。

江西产区：江西产区的辣椒栽培面积约为 40 万亩，主要品种有辛香 2 号、辛香 8 号、早杂 2 号、春椒系列品种等。

湖南产区：湖南是全国鲜食椒栽培大省，栽培面积 50 万亩，栽培品种以湘研系列为主。

贵州产区：贵州辣椒栽培面积 50 万亩，主要品种有小米辣、灯笼椒等。

川渝地区：川渝地区是辣椒消费量较大的地区，辣椒常年栽培面积 50 万亩，主要品种为石柱红、二荆条等。

海南产区：海南栽培面积 20 万亩，辣椒生产以露地栽培为主，主要品种有皇帝椒（黄灯笼）、青皮尖椒等。

广东产区：广东辣椒常年栽培面积 20 万亩左右，栽培的品种类型包括黄皮尖椒、绿皮尖椒、微椒、微辣型炮椒、红辣椒等。

河南产区：该区是全国最大的朝天椒栽培区，主要栽培区分布在内黄、南阳、洛阳以及柘城，栽培面积大约 40 万亩。

山东产区：山东以益都红、英潮红 4 号、北京红辣椒为主，常年栽培面积 50 万亩以上。山东既是栽培大省，又是出口加工大省，全国出口的辣椒中 80% 以上由山东加工出港。

东北产区：东北产区主要分布在通辽开鲁、吉林洮南，辽宁北票。栽培以金塔为主，该地区的鲜辣椒主要用于出口加工，常年栽培面积 50 万亩。

其他产区：有华南主产区、北方保护地辣椒主产区、西北辣椒主产区、东北露地夏秋辣椒主产区等多个栽培区域。这些区域涵盖了中国的多个省份，显示了辣椒在中国广泛栽培的地理分布。

【课程资源】

辣椒的起源与分布

任务二　辣椒的品种分类

中国从事辣椒育种的人员相对其他蔬菜是最多的，全国有超过500家单位从事辣椒育种。中国农业科学院蔬菜花卉研究所统计了1978年到2012年审（认）定、登记、备案、国家鉴定的蔬菜品种数，辣椒的品种数是707个。从1978年到2015年《中华人民共和国种子法》修订，辣椒作为非主要农作物登记时，审定、登记、鉴定品种超过1 000个。因此，我国辣椒品种丰富，为辣椒栽培提供了强有力的品种保障。

一、按果实形态特征分类

主要种类有线椒、朝天椒、薄皮泡椒、羊角椒、牛角椒、高品质的大果型黄皮椒、厚皮甜椒、大果型螺丝椒等，如图1-1。

| 朝天椒 | 灯笼椒 | 线椒 | 七星椒 |
| 螺丝椒 | 羊角椒 | 皱皮椒 | 牛角椒 |

图1-1　辣椒种类

（一）朝天椒

是人工培育而成的辣椒变种，属于茄科辣椒属多年生半木质性植物。常作一年生栽培，株高可达30~60 cm，分枝多、茎直立。朝天椒的果实簇生于枝端，风味同青椒。朝天椒的辣度高，适合制作辣椒酱、辣椒粉等。

（二）灯笼椒

是一种辣椒属植物，外形像灯笼，因此被称为灯笼椒。适合作为混合辣椒的配料，提升辣椒香味。同时，灯笼椒的香味纯正，适合制作红油菜品，如麻辣火锅、水煮鱼等。

（三）线椒

是陕西地方良种，甘肃也有栽培。株型中等，分枝多，而且辛辣味强，适合干制。陕西线椒适应性强，耐旱，丰产，晚熟。

（四）二荆条

形状细长，个头大。以四川成都出产的最为著名，在贵州、河南、新疆等地也有栽培。二荆条辣椒是正宗川菜的重要调料，豆瓣和榨菜等名牌产品中均有使用。特点是辣度柔和，香味较重，可以用油炸或涮火锅的方式食用。

（五）七星椒

是四川威远地区的特产辣椒之一，辣度可达七星级。不仅皮薄肉厚，而且色鲜味美，辣味醇厚，是制作香辣红油的首选。2001年，在中国吉尼斯吃辣比赛中，七星椒被赛委会指定为唯一使用的辣椒品种。在四川菜中，七星椒被广泛用于水煮鱼、辣子鸡、香辣小龙虾等的制作。

（六）螺丝椒

是一种杂交品种辣椒，适宜在山东、西北五省和海南等地栽培。体型细长，颜色翠绿，外观皱缩，具有良好的耐低温、抗病性，且连续坐果性强，产量较高。螺丝椒的辣味较浓，肉质鲜美，深受人们的喜爱。

（七）樱桃椒

是一种株形中等或矮小、分枝性强的辣椒品种。叶片较小，果实向上或斜生，呈圆形或扁圆锥形。辛辣味强，适合生吃或干制。樱桃椒的适应性较强，可以在北方地区生长，也可以在南方地区生长，属于中晚熟品种。樱桃椒的果实颜色鲜艳，因此备受人们的喜爱。

（八）魔鬼辣椒

是印度东北部山区的一种奇辣无比的辣椒，因极强烈的辣味而得名，曾被吉尼斯世界纪录确认为全球最辣辣椒。魔鬼辣椒主要用于火锅、烧烤等增辣食物中。

（九）四方头甜椒

是东北、华北地区的主栽培品种，味甜，口感脆嫩。

（十）簇生椒

是一种株型中等或高大的辣椒品种。叶片较大，分枝性不强，果实通常有3个或5个簇生向上生长，深红且辛辣味强，晚熟且耐热，适合加工成干辣椒作为调味品。

（十一）美人椒

外形尖长，稍微弯曲，像身材颀长的美人。味道非常辛辣，较红线椒要辣，皮和肉质较厚，籽较少。

（十二）长辣椒

去籽后的长度通常在 30~45 cm，果实呈长角形，先端尖，微弯曲，似牛角、羊角、线形。长辣椒的辣椒素含量较高，红色素含量也较高，因此可以提取辣椒素、辣椒碱等物质。长辣椒也适宜作为辛辣调料使用。

（十三）羊角椒

以色泽紫红光滑、细长、尖上带钩、形若羊角而得名。皮薄、肉厚、色鲜、味香、辣度适中，辣椒素和维生素 C 含量居全国辣椒品种之首。

（十四）牛角椒

是福建宁化县的特产，以鲜红、皮薄、味香、脂多、辣味适中而闻名中外。牛角椒经加工制成的椒干色鲜红、皮薄，口感香脆，辣味适中。

（十五）皱皮椒

是产自云南的辣椒品种，外表褶皱较多，像是长满皱纹的脸颊，所以称为皱皮椒。辣度较低，颜色多为青色或黄色，口感脆爽。

（十六）圆锥椒

是辣椒中一种较为特殊的品种。植株矮小，叶片中等，果实呈圆锥形或短圆柱形，向上或下垂生长。辛辣味中等，主要供鲜食。

（十七）彩椒

因其色彩鲜艳、多色多彩而得名。

二、按成熟时间分类

辣椒按成熟时间可分为早、晚熟两大类型。

早熟品种从播种到采收第一批青椒的时间较短，通常在 75 d 左右。植株较矮，连续坐果能力不强。始花节位较低，开花早，果实发育期短，适合抢早上市的大棚栽培，例如羊角椒和菜椒。

晚熟品种从播种到采收第一批辣椒的时间较长，可达 150 d。植株高大、抗性极强，适合在气候条件相对较差的地区进行露地栽培。果大、植株长势旺，茎秆粗壮、叶片较大，抗病性强、坐果多，采收期长且经济价值高，例如皖椒 1 号、茂椒 4 号、湘研 16 号和海丰 14 号。

三、按用途特性分类

按照食用特性可分为鲜食菜用型、调味型、加工型三种类型。鲜食菜用型辣椒中灯笼椒类型有茄门甜椒、牟农1号、二猪嘴、三道筋等；大果型长角椒如湘潭迟辣椒、伊犁大辣椒、昭通大牛角、保加利亚尖椒等；短锥椒有南京早椒、合肥四叶椒、云南皱皮辣等。调味型中长角椒有湖南长沙河西牛角椒，灯笼椒有辽宁锦州油椒，指形椒有浙江龙游小辣椒以及云南西双版纳大米辣等。加工型中指形椒有陕西的8819、8812，河北望都辣椒，云南丘北辣椒，河南永城辣椒；簇生椒如四川自贡七星椒、陕西安康十姊妹，以及早年引自日本的天鹰椒；长角椒如浙江鸡爪椒及四川西充椒、什邡椒等。

【课程资源】

辣椒的品种分类

任务三　国内具备显著地区品牌辣椒的栽培区域

一、贵州遵义朝天椒

遵义被誉为"中国辣椒之都"，遵义朝天椒是贵州省遵义市特产，全国农产品地理标志产品。遵义朝天椒成熟后色泽鲜艳、油润红亮、果形美观、肉厚质细、辣素适中、风味浓香。

二、河南柘城辣椒

柘城辣椒是河南省柘城县特产，中国国家地理标志产品，全国十大名椒之一。柘城辣椒色泽暗红、油亮光洁、辣度适中、香味浓郁。

三、贵州大方皱椒

贵州大方皱椒是贵州大方县的特产，全国农产品地理标志产品，其中大方鸡场乡的鸡爪辣最为出名。这种辣椒以其独特的口感和优良的品质而闻名，其肉质肥厚、色泽红亮、辣味适中、清香浓郁。大方皱椒富含多种氨基酸、矿物质和维生素，辣红素的含量在 2.5%~3.0%，优于其他产地的辣椒。大方皱椒的外观整齐、美观，呈长线形，平均长度达到 21 cm，最长可达 28.3 cm，外表光洁，颜色鲜红。

四、山东武城辣椒

武城辣椒是中国十大名椒之一，全国农产品地理标志产品，是山东省知名农产品区域公用品牌。

五、重庆石柱辣椒

石柱辣椒是石柱土家族栽培的品种，全国农产品地理标志产品，其油分重、香气浓、色泽鲜艳。其中石辣一号辣度高，其干椒耐煮且不破皮，是制作卤菜（如鸭脖）的最佳原料。

六、湖南三樟黄贡椒

衡东三樟黄辣椒是衡东县三樟镇的特产，全国农产品地理标志产品，具有肉厚、皮薄、爽脆、香甜、色艳、椒形小的特点，是辣椒中的极品，被称为"贡椒"。

七、湖北麻城辣椒

麻城辣椒，湖北省黄冈市麻城市特产，全国农产品地理标志产品。麻城辣椒具有色泽鲜艳、果皮薄、椒香浓郁、食感脆嫩的特点。

八、新疆博湖辣椒

是新疆巴音郭楞蒙古自治州博湖县特产，全国农产品地理标志。果实嫩果期翠绿，老熟果深红色，果面光滑，皮薄肉厚，筋辣肉甜，口感微辣到中辣，可生吃，商品性佳。

九、山东金乡辣椒

金乡辣椒辣度适中，维生素含量高，以三樱椒和天宇椒为主。栽培历史悠久，品种繁多，是当地农民的重要经济来源之一。

十、河南内黄尖椒

内黄尖椒，色暗红，辣味浓，含油量高，以"内黄新一代"品种最为著名。栽培历史悠久，品种繁多，是当地农民的重要经济来源之一。

【课程资源】

国内具备显著地区品牌的辣椒种植区域

拓展资源

宁夏设施辣椒栽培主要品种类型和优势辣椒种类分布。

一、贺兰线椒

果实粗长，青果翠绿，红果鲜艳，光滑顺直。用手轻掰，声音清脆，皮薄肉厚，入口无渣，辣味适中。

二、彭阳辣椒

是宁夏固原市彭阳县特产，全国农产品地理标志产品。果实粗长，牛角形，成熟果长 25~30 cm，果肩横径 5 cm 左右，果面光亮，略有皱褶，黄绿色，色泽鲜丽，口感微辣，辣味适中，辣而不烈，果肉厚，果实坚硬，商品性好。彭阳县还被命名为"中国辣椒之乡"，主要栽培辣椒品种为牛角系列品种，如巨丰一号、亨椒一号和特大牛角椒等。

三、青铜峡辣椒

是宁夏吴忠市青铜峡市特产，全国农产品地理标志产品。羊角辣椒是宁夏传统的优良品种，其长度约为 25 cm，蒂圆，向下逐变尖，并常呈螺旋弯曲状，颇似羊角，小称尖辣椒。青铜峡辣椒划定区域范围内的辣椒品种以长剑为主，其生育期为 12 个月，平均株高 2.5 m，单果重 100~150 g，每株结果 25 个左右，单株产 3.5~4 kg，果色黄绿，厚皮，辛辣。夏初，羊角椒早熟品种上市，此时的椒体莹嫩翠绿，肉厚，辣味适中，适于菜用。

项目二　设施辣椒的品种选择

【学习目标】

1.知识目标：学习辣椒生长发育规律、环境条件要求、本地区环境条件，能合理选择适宜栽培的辣椒品种。

2.能力目标：能够根据辣椒的环境条件要求，进行土壤改良、水分管理和养分供应，提高产量和品质。

3.素质目标：通过学习设施辣椒对环境条件的要求，提高学生对设施辣椒产业的认识，树立绿色、生态、高效的农业发展观念。同时，增强学员对设施辣椒产业的热爱，培养一批具有专业素养的农业技术人才，为我国辣椒产业发展贡献力量。

任务一　辣椒的生物学特性

一、辣椒植物学特征

辣椒是茄科辣椒属的一年生或有限多年生植物，其根系不发达。茎直立，茎近无毛或微生柔毛，分枝梢之字形折曲。单叶互生，枝顶端节不伸长而成双生或簇生状，矩圆状卵形、卵形或卵状披针形，长4~13 cm，宽1.5~4 cm，全缘，顶端短渐尖或急尖，基部狭楔形。叶柄长4~7 cm。花单生，俯垂；花萼杯状，不显著5齿；花冠白色，裂片卵形；花药灰紫色。果梗较粗壮，俯垂；果实长指状，顶端渐尖且常弯曲，未成熟时绿色，成熟后呈红色、橙色或紫红色，味辣。种子呈扁肾形，长度3~5 mm，乳白色或淡黄色。

二、辣椒的生物学价值

辣椒为常见的蔬菜和调味品，种子也可以生产食用油；生活中辣椒具有一定的驱虫能力，也可以药用，有发汗功效。

（一）食用价值

辣椒为木兰纲茄科，属一年或有限多年生草本植物，品种多样。未成熟时绿色，成熟后呈红色、橙色或紫红色，味辣。其维生素C含量丰富，维生素B、胡萝卜素以及钙、铁等矿物质含量亦较丰富。

辣椒作为一种常见的大众蔬菜，既可鲜食，也可加工成干货，食用方法多样，是人们餐桌上不可或缺的食材。辣椒可以生鲜凉拌、煎炒做菜、腌制、发酵酱制等，用途丰富，用量很大。食用辣椒还有如下好处：一是辣椒含有较多的维生素和矿物质，比如磷、铁、钙等元素，食用辣椒有助于为人体提供细胞代谢所需的物质，补充身体所需的营养；二是辣椒含有的辣椒素具有促进消化、健脾益胃、促进血液循环等功效，能够改善心脏功能；三是辣椒富含蛋白质，食用后有助于加速肠道内消化液的分泌、增进食欲；四是辣椒中含有胡萝卜素，食用后可以为人体补充胡萝卜素，提高身体的免疫力。

（二）药用价值

辣椒在中国具有悠久的食疗应用历史，多种中药古籍都记载了辣椒的药用功能。例如《本草纲目拾遗》中记载："性热而散……亦能祛水湿……有小仆于暑月食冷水卧阴地，至秋疟发，百药罔效，延至初冬，偶食辣酱，颇适口，每食需此，又用以煎粥食，未几，疟自愈。良由胸膈积水变为冷痰，得辛以散之，故如汤沃雪耳。"《食物本草》中记载辣椒可用于"消宿食，解结气，开胃口，辟邪恶，杀腥气诸毒。"《百草镜》记载其能：洗冻瘃，浴冷疥，泻大肠，经寒澼。"《药性考》记载："温中散寒，除风发汗，去冷癖，行痰逐湿。"《食物宜忌》记载："温中下气，散寒除湿，开郁去痰消食，杀虫解毒。治呕逆，疗噎膈，止泻痢，祛脚气。"《药检》中指出辣椒"能祛风行血，散寒解郁，导滞止澼泻，擦癣"。近代中外学者对辣椒的药用价值有进一步发现，辣椒中含有的辣椒酊或辣椒碱，内服可作健胃剂，有促进食欲、改善消化的作用。

（三）观赏价值

观赏辣椒是茄科辣椒属的多年生草本花卉，以其多样化的果实颜色和形状而闻名。其根系发达，分枝能力强，分枝习性为双叉或三叉状；茎直立，茎部木质化；单叶互生，全缘，卵圆形；花朵娇小，以白色、浅绿色、浅紫色和紫色为主；果实颜色众多，且形状各异，有线形、樱桃形、风铃形、灯笼形等，故又称五色椒、樱桃椒。花期在6~9月份，果期在8~10月份。

【课程资源】

辣椒的生物学特性

任务二 设施辣椒的生育期与生长环境条件

一、辣椒的生长发育

设施辣椒的生育周期包括发芽期、幼苗期、开花坐果期、结果期四个阶段。

（一）发芽期

从种子发芽到第一片真叶出现为发芽期，一般为 10 d 左右。发芽期的养分主要靠种子供给，幼根吸收能力很弱。

（二）幼苗期

从第一片真叶出现到第一个花蕾出现为幼苗期，需 50~60 d。幼苗期分为两个阶段：2~3 片真叶以前为基本营养生长阶段；4 片真叶以后，营养生长与生殖生长同时进行。

（三）开花坐果期

从第一朵花现蕾到第一朵花坐果为开花坐果期，一般为 10~15 d。此期营养生长与生殖生长矛盾特别突出，主要通过水肥等措施调节生长与发育、营养生长与生殖生长、地上部与地下部生长的关系，达到生长与发育均衡。

（四）结果期

从第一个辣椒坐果到收获末期属结果期，此期经历时间较长，一般为50~120 d。结果期以生殖生长为主，并继续进行营养生长，需水需肥量很大。此期要加强水肥管理，创造良好的栽培条件，促进秧果并旺、连续结果，以达到丰收的目的。

二、设施辣椒栽培应具备的环境条件

（一）土壤

辣椒对土壤的要求并不苛刻，多种类型土壤可栽培辣椒，但是辣椒不耐瘠薄，土壤良好的透气性和排水性有利于辣椒根系的生长和发育。为确保辣椒的高产和优质，选择适宜的土壤条件至关重要。辣椒栽培适宜的土壤是疏松肥沃、微酸性或中性的沙壤土，pH 值在 6~7。一般沙性土壤容易发苗，前期苗生长较快，坐果好，但容易衰老，后期果小，如肥水供应不上，则会降低产量。黏性土壤前期发苗较慢，但生长比较稳定，后期土壤保水保肥能力强，植株生长旺盛，缺点是不利于前期精耕细作，比较费时费工。

（二）温度

辣椒不同的生长发育时期，对温度有不同的要求。辣椒种子发芽适宜温度为

25~33 ℃，需要 4~5 d。温度为 10~12 ℃时则难以发芽。出芽后需稍降温以防止幼苗生长太快而徒长。白天保持在 20~22 ℃，夜温以 15~18 ℃为宜，这样能使幼苗缓慢健壮生长。茎叶生长发育白天适温为 27 ℃左右，夜温为 20 ℃左右。在此温度条件下，茎叶生长健壮，既不会因温度太低而生长缓慢，也不至于因温度太高枝叶生长过旺而影响开花结果。初花期植株开花授粉适温为 20~27 ℃，低于 15 ℃时，植株生长缓慢，难以授粉，易引起落花、落果；高于 35 ℃，花器发育不全或柱头干枯不能受精而落花，即使受精，果实也不能正常发育而干萎。所以，在高温的伏天，特别是气温超过 35 ℃时，辣椒往往不坐果。果实发育和转色期要求温度为 25~30 ℃。不同品种对温度的要求也有很大差异，大果型品种往往比小果型品种更不耐高温。辣椒整个生长期间的温度范围为 12~35 ℃，低于 12 ℃要盖膜保温，超过 35 ℃要浇水降温。

（三）水分

设施辣椒生长的早期需要保持地表水层较高，以保证种苗的快速生长。待生长初期结束，应逐渐减少浇水次数和水量，并控制地表水层下降的速度，促进辣椒茎秆的强壮。辣椒的浇水应分时段进行，不可连续浇水过多或过少，以免影响产量和品质。一般来说，植株周围土层的湿度接近干燥状态时，需浇水至该土层深度 20~30 cm 处。在辣椒植株开花和结果时，需要充足的水分供给，以保证辣椒果实大小和质量。注意避免辣椒长期处于过湿的环境中，导致辣椒病虫害大量滋生，影响质量和产量。

（四）光照

设施辣椒对光照的要求因生育期阶段不同有所差异。在设施辣椒育苗期种子发芽阶段要避免光照，在幼苗生长阶段需要充足的光照，生育结果期要求中等光照强度。辣椒的光饱和点为 30 000 lx，比番茄、茄子都要低；光补偿点是 1 500 lx。光照不足，影响花的品质，引起落花落果、减产。光照过强，则茎叶矮小，不利于生长，也易发生病毒病和日烧病。辣椒对日照时间长短要求并不严格，只要温度适合，光照时间长短一般对辣椒的影响不大。但日照时间过短会影响光合作用的时间，以日照 10~12 h 开花结果较快，对较长时间的日照一般也能适应。总体来说设施辣椒栽培管理中不同阶段对光照要求不同，种子发芽阶段要求黑暗避光，幼苗期需要较强光照，结果期要中等光照，光照时间长短对辣椒影响不大。

【课程资源】

设施辣椒的生育期与生长环境条件

项目三　实训

实训一　实地调研

一、目的

1. 了解本地辣椒栽培现状：通过实地调查，掌握本地设施辣椒栽培的主要品种、栽培面积及分布情况。

2. 提升专业认知：增强学生对辣椒栽培技术、市场需求及经济效益等方面的认知。

3. 培养实践能力：通过调查、数据收集与分析，培养学生的观察能力、团队协作能力和问题解决能力。

4. 促进学以致用：将课堂知识应用于实践，加深对专业知识的理解与应用。

二、内容

（一）前期准备

理论学习：组织学生学习辣椒栽培种类的基本知识，包括辣椒的类别、栽培规模、应用价值等。

分组安排：将学生分成若干小组，每组负责不同区域的调查任务。

资料收集：各组通过图书馆、网络等渠道收集本地辣椒栽培的相关资料。

（二）实地调查

确定调查区域：根据本地辣椒栽培的分布情况，确定各小组的调查区域。

现场考察：各小组深入设施农业一线，实地考察辣椒栽培基地，记录栽培品种、栽培面积、栽培模式、灌溉施肥情况等信息。

访谈农户：与辣椒栽培户进行面对面交流，了解他们的品种选择、市场销路、经济效益及存在的问题等。

（三）数据收集与分析

数据整理：将实地调查收集到的数据进行整理，包括栽培品种、栽培面积、主要用途、市场价格等。

问题总结：根据调查的结果，总结本地辣椒主要栽培区域和主栽辣椒种类。

（四）撰写实践报告

报告内容：包括实践目的、调查方法、数据分析、问题总结及改进建议等部分。

报告要求：报告应条理清晰、数据准确、分析透彻，能够真实反映本地辣椒栽培的现状与问题。

成果展示：组织实践成果展示会，各小组汇报实践过程、调查结论，促进经验交流与分享。

三、注意事项

安全第一：在实地调查过程中，注意人身安全，避免发生意外事故。

尊重农户：与农户交流时，应保持礼貌，尊重对方，认真听取他们的意见和建议。

数据真实：确保收集到的数据真实可靠，不得捏造或篡改数据。

团队协作：各小组成员应团结协作，共同完成任务，充分发挥团队优势。

实训二　辣椒生活环境调查

一、目的

1.掌握辣椒生物学特性：使学生全面了解辣椒的根系、茎、叶、花、果实等形态特征，以及分枝结果习性、生长发育周期等生物学特性。

2.理解生长环境要求：让学生深入了解辣椒生长所需的光照、温度、水分、土壤和营养等环境条件，以及这些条件对辣椒生长发育的影响。

3.培养实践能力：通过实地观察、数据记录和分析，培养学生的观察能力、实验操作能力和问题解决能力。

4.促进学以致用：将理论知识与实践操作相结合，帮助学生将所学知识应用于实际生产中，提高学习效果。

二、内容

（一）辣椒生物学特性

形态特征观察：组织学生在实验室或田间地头观察辣椒的根系（不发达，入土浅）、茎（直立，分枝力较强）、叶（单叶、互生、卵圆形或长卵圆形）、花（多为单生，也有簇生，雌雄同花）、果实（浆果，汁液少，空腔大）等形态特征。

了解生长发育周期：通过查阅资料或教师讲解，了解辣椒的生长发育周期，包括发芽期、幼苗期、开花期和结果期等各个阶段的特点和管理要点。

（二）生长环境要求

光照条件实验：设计不同光照强度下的辣椒生长实验，观察并记录辣椒在不同光照条件下的生长状况，分析光照对辣椒生长发育的影响。

温度控制：利用温室或人工气候室模拟不同温度条件，观察辣椒在不同温度下的生长表现，理解温度对辣椒生长发育的重要性及适宜范围（如适宜生长温度在20~30 ℃）。

水分管理操作：通过浇水试验或观察自然条件下辣椒的水分需求情况，了解辣椒对水分的要求及如何合理灌溉以保持土壤湿度适宜（如每周浇水2~3次，根据气候和土壤情况进行调整）。

土壤与营养分析：采集不同土壤类型和肥力水平的土壤样本进行分析比较，了解辣椒对土壤的要求及如何施肥以满足其营养需求（如选用肥沃、疏松、排水良好的土壤类型，定期施用氮、磷、钾等营养元素）。

（三）数据记录与分析

数据记录：在实践过程中详细记录观察结果和实验数据，包括光照强度、温度、湿度、土壤 pH 值、施肥量等参数以及辣椒的生长状况，如株高、叶面积、开花数、结果数等指标。

数据分析：运用统计软件对收集到的数据进行分析处理，绘制图表展示分析结果，如光照强度与辣椒生长速度的关系图、温度对辣椒开花结实率的影响图等。通过数据分析揭示辣椒生物学特性与生长环境之间的内在联系。

三、注意事项

安全第一：在进行实验操作时注意个人安全防护，如佩戴防护眼镜、手套等，避免化学品直接接触皮肤或眼睛。

准确记录：确保数据记录的准确性和完整性，以方便后续的数据分析和总结工作。

尊重自然：在进行田间观察时，注意不要破坏植物和土壤结构，尊重自然生态环境。

团队合作：鼓励小组成员之间相互协作共同完成任务，发挥团队优势提高实践效率和质量。

四、成果展示

实践报告：要求学生撰写实践报告，总结实践过程中的观察结果、实验数据，分析结论以及个人体会和收获。

成果展示会：邀请师生共同参与实践成果展示，交流实践经验，分享学习心得。通过成果展示会，激发学生的学习兴趣和积极性，促进知识的传播和应用。

练习思考题

一、选择题

1. 宁夏回族自治区获得全国农产品地理标志产品是（　　）。

　　A. 吴忠辣椒、青铜峡辣椒　　　　B. 红寺堡辣椒、贺兰辣椒

　　C. 贺兰辣椒、彭阳辣椒　　　　　D. 青铜峡辣椒、彭阳辣椒

2. 以下不是辣椒品种分类方法的是（　　）。

　　A. 按果实形态特征分类　　　　B. 按地区分类

　　C. 按成熟时间分类　　　　　　D. 按用途特性分类

3. 青铜峡辣椒划定区域范围内的栽培辣椒类型是（　　）。

　　A. 羊角辣椒　　　B. 牛角辣椒　　　C. 线椒　　　D. 灯笼椒

4. 早熟品种从播种到采收第一批青椒的时间较短，通常在（　　）d 左右。

　　A.60　　　　　　B.75　　　　　　C.90　　　　　　D.10

5. 辣椒的生物学价值主要为（　　）。

　　A. 食用、药用、饲用　　　　B. 食用、生态、观赏

　　C. 食用、药用、加工　　　　D. 食用、药用、观赏

二、填空题

1. 宁夏辣椒的三大产区分别栽培的辣椒品种类型是：贺兰_____、青铜峡_____、彭阳_____。

2. 设施辣椒栽培的四个基本条件因素是_____、_____、_____和光照。

3. 设施辣椒栽培最好选择_____、_____、_____的土壤。

4. 辣椒种子发芽适宜温度为_____℃，初花期植株开花授粉适宜温度为_____℃，果实发育和转色期，要求温度为_____℃。

5. 总体来说，设施辣椒栽培管理中不同阶段对光照要求不同：种子发芽阶段要求_____，幼苗期需要_____光照，结果期需要_____光照，光照时间长短对辣椒影响不大。

三、判断题

1. 辣椒一年生草本植物。（　　）

2. 因为辣椒是一种耐瘠薄的草本植物，对栽培土壤的要求不严格。（　　）

3. 辣椒是茄科辣椒属的一年生或有限多年生植物，其根系不发达，茎直立；单

叶互生，卵圆形，叶面光滑；花单生，为白色；果面平滑具光泽。（　　）

4. 彭阳辣椒，宁夏固原市彭阳县特产，全国农产品地理标志产品。主要栽培辣椒品种为线椒系列品种，如巨丰一号、亨椒一号和特大牛角椒等品种。（　　）

5. 在我国南方和热带地区就有原生态的野辣椒，如云南西双版纳、思茅、澜沧一带分布有一年生的"涮辣椒"及多年生的"小米辣"。只是南美洲栽培普遍，我国古代没有普遍栽培而已。（　　）

四、思考题

1. 简述宁夏 3 个具有地方品牌特色的辣椒栽培县区辣椒的特点。

2. 简述辣椒生物学价值。

模块二　辣椒栽培前设施准备

（12 学时，理论 4 学时、实训 8 学时）

项目一　设施辣椒栽培前期准备

【学习目标】

1. 知识目标：学习设施辣椒栽培中整地施肥的重要性和作用，能按照生产目标合理选择设施类型，了解各类型设施大棚的生产性能；掌握设施辣椒栽培的基本条件、地块整地要求，能使用不同类型、不同型号的农业机械设备进行整地作业，能操作完成设施辣椒室内整地技术。

2. 能力目标：学习国内设施辣椒的主要生产技术，掌握评估和选择合适本地区的设施辣椒栽培方法，能够独立完成设施的选择和规划。提高学生运用农业机械设备进行整地作业的能力，使其能够根据不同地块条件选择合适的机械设备，以提高整地效率。同时，培养学生在整地过程中发现问题、分析问题和解决问题的能力。

3. 素质目标：学习设施大棚内整地技术，使学生认识到整地作业对农业生产的重要性，提高学生土地资源保护和合理利用意识。此外，通过学习提高整地作业的效率和质量，有助于提高辣椒的产量和品质，为我国设施辣椒产业的发展贡献力量。

任务一　设施大棚选择

设施辣椒生产多为反季节作业，对栽培设施的保温性能要求比较严格。首先大棚要具有良好的光照。土壤环境质量应符合《土壤环境质量 农用地土壤污染风险管控标准（试行）》（GB 15618—2018）的规定，环境空气质量应符合《环境空气质量标准》（GB 3095—2012）的规定，灌溉水质应符合《农田灌溉水质标准》（GB 5084—2021）的规定。

一、栽培辣椒的常见设施类型

（一）日光温室

日光温室主要包括土墙、砖墙、石砌墙温室，如图2-1。典型代表有山东引进的下挖式厚土墙温室，一般跨度7.5~9.0 m，脊高3.5~4.5 m，土墙底宽3.5~5.5 m，顶宽1.8~2.3 m，墙高2.4~3.2 m，室内无立柱，屋面为全钢骨架结构或钢竹混合结构。砖墙日光温室为西北XB-GII型，跨度8 m，脊高4.1 m，砖墙高2.4 m，厚度0.5~1.5 m，屋面为全钢骨架结构，覆盖温室复合保温被。

图2-1 日光温室

（二）塑料拱棚

如图2-2，塑料拱棚可促进蔬菜作物早熟、高产或延长供应期，是我国蔬菜设施的主要棚体，应用面积最大。跨度6~8 m，高2.5~3 m，用薄壁钢管制作成拱杆、拉杆、立杆，用卡具、套管连接棚杆组装成棚体，卡膜槽固定薄膜。但是大部分拱棚设施简陋，存在建造和维修难度大，棚内空气流通不畅，湿度大，病害蔓延快等问题。现有拱棚虽使用成本低，但性能较差，难以给作物营造适宜的生长环境。

图2-2 塑料拱棚

（三）大跨度保温大棚

北方地区的塑料大棚难以进行越冬生产，而日光温室土地利用率低，越夏生产困难，现开发出了大跨度外保温型塑料大棚，如图2-3。该类大棚土地利用率可达80%，大

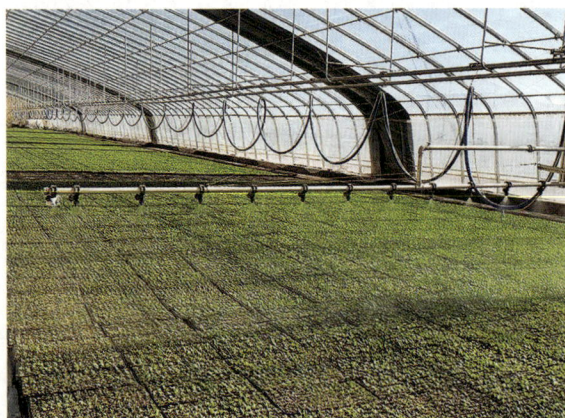

图2-3 大跨度保温大棚

棚外覆盖保温被，机械卷放，保温性能好。分为对称型和非对称型两种，在北方地区极端寒冷天气下室内外温差可达21 ℃。大棚脊高6.2 m，设置顶部和底部通风口，夏季降温效果好。可进行早春茬和秋冬茬喜温类果菜栽培，应用效果良好。

（四）连栋温室

如图2-4，连栋温室是温室的一种升级版，其实就是一种超级大温室，用科学的手段、合理的设计、优秀的材料将原有的独立单间模式温室连起来。连栋温室的优点一是可以控制周围环境。连栋温室建造的占地面积和容积比较大，增加了空气的体积，从而使室内温度变化小。二是供暖性能相对较低。连栋温室围护面积和地面距离较小，热量损失较小，所以只需要给连栋温室配置一个供热系统。三是加大了土地使用率，减少了土地的浪费。四是内部空间可以充分利用，降低有弧度的侧墙或者是斜墙导致的土地有部分空闲，达到充分利用土地的目的。五是可以安装隔断墙进行分区管理。六是内部可安装一些自动化喷水管道等方便使用。但是在北方地区居住的人们通常不会选择连栋温室，因为连栋温室的保温性能比较差，冬季耗电量非常高。

图2-4　连栋温室

二、辣椒栽培设施内土壤处理

辣椒是一种容易栽培和管理的作物，适合在稍微肥沃的土壤中生长。辣椒的土壤pH值要求在6.0~7.0之间，若土壤pH值低于5.5则应施用石灰调整酸碱度。辣椒需要深厚的土层进行生长，所以作为栽培辣椒的设施大棚，土地应具备以下特点：土层深厚，至少在0.25 m，以保证辣椒根系和茎叶的良好生长；排水良好，辣椒不耐水，喜欢湿度适宜的土壤；肥力高，需要充分施用有机肥和化肥，以保证地力。

三、设施辣椒栽培地水源选择

在设施辣椒栽培中，选择合适的水源对于保证蔬菜的健康生长至关重要。通常可供辣椒栽培使用的水源包括自来水、井水、河水和湖水等。不同的水源具有不同的水质特征，因此在选择水源时需要考虑以下因素。

水质成分：水中的溶解氧、含氮物质以及重金属等成分对蔬菜的生长有直接影响。应选用水质清洁、无重金属污染和有适度氮含量的水源。

pH 值：水的 pH 值直接影响蔬菜的养分吸收能力。一般来说，蔬菜栽培适宜的水源 pH 值为 6~7。

病原菌含量：水源中的病原菌含量对于蔬菜的无公害生产至关重要。应确保选择的水源经过严格的消毒处理，以减少病原菌的污染。

【课程资源】

设施大棚选择

任务二　整地实施要点

一、整地的重要性

设施辣椒栽培前整地的重要性在于为辣椒苗提供一个良好的生长环境，确保辣椒的高产和优质。主要体现在两个方面，一是通过整地可以改善土壤结构，打破犁底层，使土壤通透性更好，有利于根系的生长和发展。这对于提高辣椒的产量和品质至关重要，因为健康的根系是植物吸收养分和水分的基础。二是整地有助于控制土壤的酸碱度，缓解土壤盐害，吸附土壤重金属污染，从而保护根系不受伤害。

二、棚内整地的要求

在设施辣椒栽培环节，要始终秉承无公害栽培理念，所以要选择固定区域开展蔬菜栽培，周边要远离居民区、工业区及交通要道等，避免由于设施蔬菜栽培给周边环境造成污染。要挑选土壤肥沃、地势平坦、土壤酸碱度适宜的区域，为蔬菜的生长发育提供良好的基础保障，全面提高蔬菜抵抗病虫害的能力。要科学开展整地处理，及时清理区域地块上的各类杂物，避免杂物影响到土壤深翻，不利于营养与水分的正常运输。

在大棚辣椒栽培前，消毒土壤是一项关键的措施，有助于杀灭土壤中的病原体和害虫，减轻病虫害对植株的影响。消毒方法包括化学消毒、物理消毒。向土壤添加适量有机质，如腐熟的有机肥料或厩肥，有助于改善土壤结构、提高保水保肥能力，促进土壤微生物繁殖，提供植物生长所需的养分。辣椒对土壤 pH 值的要求在 6~7，在栽培前，通过添加石灰或硫黄等物质，调整土壤的 pH 值，创造适宜辣椒的生长环境。

三、常见整地机械设备类型

（一）铧式犁

铧式犁是一种耕地的农具，其外形如图 2-5。铧式犁作为耕整地作业中常见的农业机械，犁组由拖拉机牵引作业，其作用是用来碎土、松土。铧式犁通常由犁体、犁架、犁铲、犁刀和深松铲 5 部分组成，起到切割土壤、粉碎土壤、翻转土壤功能的是主犁体，犁体

图 2-5　铧式犁

由犁铧、犁壁、犁侧板、犁托及犁柱等构成，耕作时犁体能在垂直方向切开土壤，并进行翻垡碎土，具有打破犁底层、恢复土壤耕层结构、提高土壤蓄水保墒能力、消灭部分杂草、减少病虫害、平整地表及提高农业机械化作业标准等作用。犁壁组成犁铲并具有承重的功能，将其按形状区分大致可分为3种，分别是整体式、组合式和栅条式。具有翻土、碎土和松土功能的是犁铲，将其以结构区分大致可分为3种，分别是三角铲、梯形铲和凿铲。犁刀一般在主犁体的前部，通过垂直方向切割土壤来降低犁铲的作业难度，以减少部件的磨损。

（二）旋耕机

旋耕机是与拖拉机配套完成耕、耙作业的耕耘机械，其外形如图2-6。因其具有强大的破土力和碎土力、耕后地表平坦等特点而得到了广泛的应用，同时它能够切碎埋在地表以下的根茬，为后续的播种工作提供良好的作业环境，以提高耕整地的作业效率。旋耕机一般分为卧式旋耕机和立式旋耕机。旋耕机相比于其他耕整地机械，能够用于深松土壤、破碎土壤，并且可以很好地打碎土壤犁底层，恢复土壤耕层结构，提高土壤蓄水保墒能力，消灭部分杂草，减少病虫害，平整地表及提高农业机械化作业标准等，做到最大化的土壤翻耕。但旋耕机工作时能耗高，而且无法很好地覆盖作物残茬和其他杂草。

图2-6　旋耕机

【课程资源】

整地实施要点

项目二　施基肥与土壤改良剂的施用

【学习目标】

1. 知识目标：了解设施辣椒栽植前施基肥、土壤改良剂的作用及重要性，能运用简易方法识别肥料类别，掌握设施辣椒栽培前基肥配比及施用量、施用基肥时间、土壤改良剂剂类型、用量要求，土壤改良剂作用效果，能合理施用设施辣椒栽培前基肥，正确操作土壤改良技术。

2. 能力目标：提高学生对肥料的选择和使用能力，使其能够根据辣椒的生长需求和土壤状况，合理选用适宜的肥料，掌握正确的施肥方法，提高肥料利用效率，从而提高辣椒的产量和品质。提高土壤改良技术操作能力，能熟练运用土壤改良剂进行土壤改良，具备评估土壤改良效果的能力，提高土壤质量。

3. 素质目标：通过推广合理施肥技术，提高设施辣椒的栽培技术，助力乡村振兴。提高学生对农业技术的认识，树立绿色、生态的农业发展观念，促进农业可持续发展，为我国粮食安全和农业绿色发展贡献力量。通过土壤消毒技术，提高农作物产量和品质，保障农业生产的可持续性，促进农村经济发展，为我国粮食安全作出贡献。

任务一　基肥的实施要点

一、施基肥的重要性

辣椒作为喜肥作物，栽培之前要施足基肥，基肥是辣椒生长好坏的关键因素之一，基肥的营养成分比较丰富而且比较均衡，最关键的是肥效比较持久。基肥通常选用腐熟发酵的农家肥，还可以稍加一些饼肥或者草木灰，这样基肥的效果会更好，更能促进辣椒的生长，提高辣椒的产量和品质。

二、常用基肥

（一）有机肥

辣椒基肥建议施用有机肥为主的肥料，如堆肥、厩肥、猪粪、饼肥和草木灰等。这类有机肥料养分全面，缓慢释放，肥效较长，对辣椒根系温和，不易烧苗。同时，基肥中可以掺入过磷酸钙和硫酸钾以提供足够的磷和钾元素。在施用时，整地前撒施 60% 的基肥，定植时沟施 40% 的基肥。

（二）无机肥料

适宜使用富含氮、磷、钾元素的复合肥，生长期追肥要重视钾肥的施用，这些肥料营养丰富，可以促进辣椒植株的健康生长。

三、肥料的类别

（一）有机肥

农家肥：是指在农村中收集、积制和栽种的各种有机肥料，包括但不限于人粪尿、厩肥、堆肥、绿肥、泥肥、草木灰等。这些肥料种类繁多，来源广泛，数量多，可以就地收集就地使用，成本比较低。农家肥的主要特点是所含营养物质比较全面，不仅含有氮、磷、钾，而且还含有钙、镁、硫、铁以及一些微量元素。这些营养元素多呈有机物状态，难于被作物直接吸收利用，必须经过土壤中的化学及物理作用和微生物的发酵、分解，使养分逐渐释放，因而肥效长而稳定。

商品有机肥：是指以各种有机废弃物如农作物秸秆、树叶、杂草、人类及畜禽粪便、生活垃圾等作为产生原料，经过堆制腐解而成的含碳类肥料。商品有机肥是有资质的企业按照标准化的流程加工产生的有机肥产品，产品符合行业标准《有机肥料》（NY/T 525—2021）的要求。其加工的原料安全，在制作过程中不仅进行高温杀菌杀虫以及杂草种子处理，而且很好地控制了臭气浓度，微生物完全发酵，性质稳定，施用安全。

（二）微生物肥料

微生物肥料是含有特定微生物活体的制品，应用于农业生产时，通过其中所含微生物的生命活动，增加植物养分的供应量或促进植物生长，提高产量，改善农产品品质及农业生态环境的肥料。

（三）化学肥料

化学肥料是指用化学和（或）物理方法制成的含有一种或几种农作物生长需要的营养元素的肥料。这些肥料通常包括氮肥、磷肥、钾肥、复合肥料等。化学肥料的特点是成分单纯、养分含量高、肥效快且猛。其主要用于提高土壤肥力，增加单位面积的农作物产量。由于化学肥料一般不含有机质，因此没有改土培肥的作用。

【课程资源】

基肥的实施要点

任务二　设施大棚土壤消毒和改良

一、土壤消毒的作用

土壤是病虫害传播的主要媒介，也是病虫害繁殖的主要场所。许多病菌、害虫和虫卵都在土壤中生存或越冬，而且土壤中还常存有杂草种子。土传病害若不加以控制，会造成作物严重减产或降低产品质量，一般减产 20%~40%，严重时减产可达 60%，甚至绝收，因此土壤消毒至关重要。土壤消毒能有效杀灭土壤中的病原菌、病毒、害虫及虫卵、杂草种子等，减少病虫害的发生，降低农业生产风险，提高农作物产量。土壤消毒大致分为物理消毒和化学消毒。物理消毒具有效果不确定、限制性较大等特点，化学消毒虽然对环境有一定影响，但对土壤中所有线虫都有直接致死作用，消毒彻底，且对微生物群落影响不大，所以土壤化学消毒方法仍为主流方法。

二、物理消毒

（一）微波消毒法

微波消毒土壤的机理包括微波的热效应和生物效应（非热效应）。微波消毒土壤的热效应是指土壤中生物体内的许多极性有机大分子、离子基团及水在电场作用下形成偶极子，有一定的取向性，在电场作用下产生取向运动，在快速周期性变化的电磁场作用下，分子运动、碰撞、摩擦而产生热，生物机体过热会使组成生物体的蛋白质产生热变性、酶失活，从而影响其各项生命活动。在温度高于 50 ℃时，细菌中蛋白质凝固而导致细菌死亡。

（二）蒸气消毒法

通过蒸汽锅炉经管线或专用消毒槽供热进行土壤消毒。消毒槽下部为蒸汽室，上部为土壤室，规格有 1.6 m³、1.8 m³、2 m³、2.4 m³ 等，消毒时土温 70 ℃时保持 30 min，土温 95 ℃时保持 5~7 min。此法对土传病害、线虫、杂草防效显著，效果可达 95%~100%。

（三）暴晒法

将土壤摊在水泥地上，让灼热的阳光照射 3~7 d，一般可杀死土壤中的真菌孢子和虫卵。这种方法较简单，成本低，但杀菌效果不明显、不均匀，只能辅助其他消毒方法。

（四）薄膜覆盖高温消毒法

夏季高温季节，把土壤堆成一定高度（长、宽视具体情况而定），同时喷湿土壤，使其含水量超过 80%，然后用塑料薄膜覆盖土堆，暴晒 10~15 d，消毒效果良好。

（五）活性炭消毒法

活性炭是植物炭化形成的炭粉，植物种类不同，炭化后的活性也有差异，效果较好的是炭化椰子壳。可随施底肥时施活性炭。土壤施用活性炭后，能增加土壤中有益微生物的繁殖，抑制病原菌的繁殖，起到消毒作用。

（六）石灰氮消毒法

选气温高、光照好的晴天将土壤整平灌水，使土壤的相对湿度达到 60%~85%。灌水后 2~3 d，每亩撒施石灰氮 40~60 kg，然后对土壤进行 1 次深翻，使石灰氮颗粒与土壤充分接触，然后用透明薄膜覆盖 14 d，让其充分发挥效力。石灰氮可有效地防治由病原真菌、细菌及线虫引起的黄瓜、番茄、辣椒和茄子等多种土传病害。同时可供给蔬菜氮素，减少硝酸盐积累，促进植物生长，是一种环保型土壤消毒方法。

（七）酒精消毒法

酒精能降低土壤中含氧量，从而起到灭虫效果。具体操作是在土壤上喷洒浓度为 2% 左右的酒精，然后用塑料薄膜覆盖 7~14 d。

三、化学消毒

土壤化学消毒方法的优点是消毒效果稳定，能切实保证成效，且消毒剂可以均匀分布到土壤的各个角落，绝大多数消毒剂会在土壤中分解、挥发掉，使用后的代谢产物多被吸收利用，不会造成残留。这种方法在发达国家已经经过多年的验证，被认为是有效的土壤消毒方法之一。然而，土壤化学消毒方法也存在一些缺点，包括对土壤中的有益微生物也会造成一定的伤害，长期使用还可能导致土壤中有害物质残留。此外，化学消毒剂对土壤和环境的影响较大，需要在实际操作中加以注意，避免对土壤和环境造成不可逆转的损害。

（一）多菌灵消毒法

多菌灵能防治多种真菌病害，对子囊菌和半知菌引起的病害效果明显，每平方米土壤施 50% 的多菌灵可湿性粉剂 1.5 g，可防治根腐病、茎腐病、叶枯病和灰斑病等。也可按 1∶20 的比例配制成毒土撒在土表层，能有效防治苗期病害。

（二）福尔马林消毒法

每平方米土壤用 50 mL 福尔马林加水 10 kg，均匀喷洒在地表，然后用草袋或塑料薄膜覆盖 10 d 后揭掉覆盖物，让气体散发，2 d 后即可播种。此法对防治立枯病、褐斑病、角斑病、炭疽病有良好效果。

（三）波尔多液消毒法

每平方米土壤用波尔多液（硫酸铜∶熟石灰∶水 =1∶1∶100）2.5 kg+ 赛力散 10 g 喷洒，待土壤稍干即可播种。此法对防治黑斑病、斑点病、灰毒病、锈病、褐斑病、炭疽病效果较好。

（四）五氯硝基苯消毒法

每平方米土壤用 75% 五氯硝基苯 4 g+ 代森锌 5 g+ 细土 12 kg 拌匀，播种时下垫上盖，对土传病害如炭疽病、立枯病、猝倒病、菌核等有特效。

（五）硫酸亚铁消毒法

用 3% 硫酸亚铁溶液处理土壤，每平方米用药液 0.5 kg；或用 50% 的水溶性代森铵 350 倍液，每平方米土壤浇灌 3 kg 稀释液。代森铵杀菌力强，能渗入植物体内，分解后还有一定的肥效，可防治黑斑病、霜霉病、白粉病、立枯病和球根类种球病害等。

（六）溴甲烷消毒法

将土壤中的植物残根剔除后，逐层堆放，然后在堆体的不同高度用施药的塑料管插入土壤中施入溴甲烷，施完足量药剂后立即用塑料薄膜密闭 3~5 d，去掉薄膜，晒 7~10 d 后即可使用。用此法进行消毒时土壤的湿度要求控制在 30%~40%，过干或过湿都会影响消毒效果。

（七）氯化苦消毒法

消毒时可将土壤逐层堆放，然后加入氯化苦溶液，即先将土壤堆成约 30 cm 厚，堆体的长和宽不固定，然后在土壤上每隔 30~40 cm 打一个深 10~15 cm 的小孔，每孔注入 5~10 mL 的氯化苦，然后用土壤塞住放药孔。等第 1 层放完药之后，再在其上堆放第 2 层土壤，然后再打孔放药，如此堆放 3~4 层之后用塑料薄膜将土壤覆盖好，经过 7~14 d 熏蒸之后，揭去塑料薄膜，把土壤摊开晾晒 4~5 d 即可使用。

四、土壤消毒的操作方法

根据土壤性质和病虫害种类，选择合适的消毒药剂，如氯化苦、溴甲烷、石灰等，按照使用说明书正确配制浓度，确保消毒效果。土壤消毒作业时间一般为春季或秋季，避开农作物生长季节。根据土壤消毒药剂的特点，采用喷洒、熏蒸、注射等方法进行土壤消毒。

（一）喷洒法

喷洒法是将消毒药剂与水混合后，通过喷雾器将药液均匀地喷洒在土壤表面。这种方法适用于大面积的土壤消毒，操作简便，效率较高。喷洒法能够有效地杀灭土壤表面的病菌和杂草种子，减少病虫害的发生，为作物生长创造良好的土壤环境。

（二）熏蒸法

熏蒸法是通过在土壤中施加气态的或可蒸发的杀虫剂或杀菌剂，使土壤内的病菌、病毒和杂草种子死亡。熏蒸法具有很强的杀菌、杀虫和除草能力，适用于各种作物土壤消毒。然而，熏蒸法在使用过程中要注意安全，避免对人体和环境造成危害。此外，熏蒸剂的选择和使用还需遵循国家相关规定，确保农业生产的可持续发展。

（三）注射法

注射法是将消毒药剂注入土壤中，使其渗透到土壤深处，从而达到消毒的目的。这种方法适用于较黏重的土壤和难以喷洒的土壤。注射法能够有效地杀灭土壤内部的病菌和杂草种子，提高土壤质量。然而，注射法操作相对复杂，成本较高，因此在实际应用中需根据具体情况选择合适的消毒方法。

五、土壤消毒技术的操作流程

消毒前准备：清理土壤表面的杂物，如残枝败叶、杂草等，确保消毒效果。

药剂配制：按照药剂说明书，将药剂与水混合，搅拌均匀。

消毒作业：根据土壤性质和病虫害种类，选择合适的消毒方法，均匀施药。

消毒后管理：在消毒后进行适当的土壤管理，如及时浇水、施肥、栽培等，促进农作物生长。

【课程资源】

设施大棚土壤消毒和改良

项目三　实训

【学习目标】

1. 知识目标：掌握土壤 pH 值的测定、腐熟堆肥的方法。

2. 能力目标：提高学生实践操作能力、观察分析能力和创新能力。在测定土壤 pH 值和制作腐熟堆肥的过程中，学生需要动手操作，观察实验现象，分析问题，从而提高实践操作能力和观察分析能力。同时，鼓励学生创新，探索更高效、环保的测定方法及堆肥制作工艺，培养创新能力。

3. 素质目标：培养学生热爱劳动、珍惜资源的价值观。通过本次实践活动，让学生认识到土壤 pH 值对植物生长的重要性，提高其对环境保护和资源利用的意识。在制作腐熟堆肥过程中，培养学生珍惜资源、勤俭节约的价值观，使其能够在日常生活中践行绿色环保的生活方式。

实训一　土壤 pH 值的测定

土壤酸碱度，又称土壤反应，反映了土壤溶液中氢离子浓度大小，以 pH 值表示。pH 值小于 7 的溶液为酸性溶液，pH 值等于 7 的溶液为中性溶液，pH 值大于 7 的溶液为碱性溶液。pH 值是土壤重要的基本指标，也是影响土壤肥力的重要因素之一，直接影响土壤中养分的存在状态和有效性。土壤酸碱度不仅会影响作物的生长，还会降低施肥的效率，无论是偏酸还是偏碱都会影响肥料的效果，同时还会抑制微生物的活动，致使农作物根系生长缓慢、发育迟缓。大多数的作物均不耐太酸或太碱的土壤，因此，了解土壤的酸碱度对农业生产中提高农作物的产量和品质有重要意义。试验方法采用《土壤　pH 值的测定　电位法》（HJ 962—2018）。

一、实验原理

实验以水作为浸提剂，水土质量比为 2.5∶1，将 pH 计玻璃电极和参比电极同时插入土壤悬浊液中时，构成一电池反应，玻璃电极和参比电极之间产生一个电位差，在一定温度下，电位的高低与悬浊液的 pH 值有关。由于参比电极的电位是固定的，故电位差的大小反映氢离子浓度的大小，即 pH 值的大小。因此，通过测定原电池的电位即可得到土壤的 pH 值。

二、样品制备

步骤 1：制样工作室要求。

分设风干室和磨样室。风干室朝南（严防阳光直射土样），通风良好，整洁，无尘，无易挥发性化学物质。

步骤 2：制样工具及容器。

风干用白色搪瓷及木盘；粗粉碎用木锤、木棍、木棒、有机玻璃棒，有机玻璃板、硬质木板、无色聚乙烯薄膜；磨样用玛瑙研磨机（球磨机）或玛瑙研钵、白色瓷研钵；过筛用尼龙筛，规格为 2~100 目；装样用具塞磨口玻璃瓶、具塞无色聚乙烯塑料瓶或特制牛皮纸袋，规格视量而定。

步骤 3：风干。

在风干室将上样放置于风干盘中，摊成 2~3 cm 的薄层，适时地压碎、翻动、拣出碎石、砂砾、植物残体。

步骤 4：样品粗磨。

在磨样室将风干的样品倒在有机玻璃板上，用木锤敲打，用木棍、木棒、有机玻璃棒再次压碎，拣出杂质，混匀，并用四分法取压碎样，过孔径 20 目尼龙筛。过筛后的样品全部置无色聚乙烯薄膜上，并充分搅拌混匀，再采用四分法取其两份，一份交样品库存放，另一份作样品的细磨用。粗磨样可直接用于土壤 pH 值的分析。

制备后的样品不即刻测定时，应密封保存，以免受大气中氨和酸性气体的影响，同时避免日晒、高温、潮湿的影响。

三、试剂和设备

（一）试剂和材料

除非另有说明，分析时均使用符合国家标准的分析纯试剂。

1. 实验用水：去除二氧化碳的新制备的蒸馏水或纯水。将水注入烧瓶中，煮沸 10 min，放置冷却。临用现制。

2. 邻苯二甲酸氢钾（$C_8H_5KO_4$）。使用前 110~120 ℃烘干 2 h。

3. 磷酸二氢钾（KH_2PO_4）。使用前 110~120 ℃烘干 2 h。

4. 无水磷酸氢二钠（Na_2HPO_4）。使用前 110~120 ℃烘干 2 h。

5. 四硼酸钠（$Na_2B_4O_7 \cdot 10H_2O$）。与饱和溴化钠（或氯化钠加蔗糖）溶液（室温）共放置在干燥器中 48 h，使四硼酸钠晶体保持稳定。

6. pH 4.01（25 ℃）标准缓冲溶液：$c（C_8H_5KO_4）$=0.05 mol/L。称取 10.12 g 邻

苯二甲酸氢钾溶于水中，于 25 ℃下在容量瓶中稀释至 1 L。也可直接采用符合国家标准的标准溶液。

7.pH 6.86（25 ℃）标准缓冲液：$c(KH_2PO_4)$=0.025 mol/L，$c(Na_2HPO_4)$=0.025 mol/L。分别称取 3.387 g 磷酸二氢钾、3.533 g 无水磷酸氢二钠溶于水中，于 25 ℃下在容量瓶中稀释至 1 L。也可直接采用符合国家标准的标准溶液。

8.pH 9.18（25 ℃）标准缓冲液：$c(Na_2B_4O_7)$=0.01 mol/L。称取 3.8 g 四硼酸钠溶于水中，于 25 ℃下在容量瓶中稀释至 1 L，在聚乙烯瓶中密封保存。也可直接采用符合国家标准的标准溶液。

注：上述 pH 标准缓冲溶液于冰箱中 4 ℃冷藏可保存 2~3 个月。发现有浑浊、发霉或沉淀等现象时不能继续使用。

（二）仪器和设备

1.pH 计：精度为 0.01 个 pH 单位，具有温度补偿功能。

2. 电极：玻璃电极和饱和甘汞电极，或 pH 复合电极。

3. 磁力搅拌器或水平振荡器：具有温控功能。

4. 土壤筛：孔径 2 mm（10 目）。

5. 一般实验室常用仪器和设备。

四、试验步骤

步骤 1：称样。

称取 10 g 土壤样品置于 50 mL 的高型烧杯或其他适宜的容器中，加入 25 mL 水。将容器用封口膜或保鲜膜密封后，用磁力搅拌器剧烈搅拌 2 min，或用水平振荡器剧烈搅拌 2 min，静置 30 min，在 1 h 内完成测定。

步骤 2：pH 计校准。

将盛有标准缓冲溶液并内置搅拌子的烧杯置于磁力搅拌器上，开启磁力搅拌器，将电极插入标准缓冲溶液中，待读数稳定后，按确认键，观察仪器示值与标准缓冲溶液的 pH 值是否一致。重复以上步骤，用另一种标准缓冲溶液校准 pH 计，仪器示值与该标准缓冲溶液的 pH 值之差应 ≤ 0.02 个 pH 单位，否则应重新校准。

步骤 3：样品测定。

将电极插入试样的悬浊液，电极探头浸入液面下悬浊液垂直深度的 1/3~2/3 处，轻轻摇动试样。待读数稳定后，记录 pH 值。每个试样测完后，立刻用水冲洗电极，并用滤纸将电极外部水吸干，再测定下一个试样。

步骤 4：结果表示。

测定结果保留至小数点后 2 位。当读数小于 2.00 或大于 12.00 时，结果分别表示为 pH < 2.00 或 pH>12.00。

步骤 5：质量保证和质量控制。

每批样品应至少测定 10% 的平行双样，每批少于 10 个样品时，应至少测定 1 组平行双样。两次平行测定结果的允许差值为 0.3 个 pH 单位。

实训二　腐熟堆肥

腐熟堆肥是一种生产有机肥的过程。腐熟肥所含营养物质比较丰富，且肥效长而稳定。它有利于促进土壤团粒结构的形成，能增加土壤保水、保温、透气、保肥的能力。腐熟堆肥利用各种有机废物（如农作物秸秆、杂草、树叶、泥炭、有机生活垃圾、餐厨垃圾、污泥、人畜粪尿、酒糟、菌糠以及其他废弃物等）为主要原料，经堆制腐解而成。这个过程是一个复杂的生物化学过程，涉及微生物的作用，使得堆肥中的有机质经过矿化、腐殖化，最后达到稳定的状态。

一、腐熟堆肥的机理

腐熟堆肥的机理主要依赖于微生物的生化作用，通过厌氧性发酵和好氧性发酵两种方式，将有机废物中的有机质分解、腐熟，最终转换成稳定的类似腐殖质土。此外，腐熟堆肥的过程中还涉及堆肥的管理和技术，如堆体的高度和宽度控制、水分的适宜管理等，这些都是影响堆肥腐熟效果的关键因素。适当的堆肥管理可以加速有机质的分解，提高堆肥的质量和效率。

二、堆肥操作流程

步骤 1：发酵前处理。

1. 调整粪便的含水率：通过在畜禽粪便中添加各种干物质来调控水分，加入的物质须保证安全、无毒且对粪便的发酵不会产生阻碍影响。目前常见添加物是各种农作物的秸秆，比如麦糠、稻壳、玉米秸秆、小麦秸秆等，将这些添加物进行简单的铡短或者粉碎即可。

2. 调整碳氮比：除牛粪外，一般畜禽粪便的碳氮比不足，因此，在畜禽粪便好氧堆肥中最好添加一定量的碳源。

3. 调整 pH 值：为了使微生物活性更好，可以根据投放微生物的种类来进行酸碱调节，如果是喜欢偏碱性的微生物菌群，可以在粪便中加入少量生石灰，在微生物发酵过程中其酸碱度又会逐步恢复正常。如果粪便本身的酸碱度符合微生物菌群的生长环境，则不需要调节。

4. 将经过上述处理的物料充分混合均匀。

步骤 2：发酵处理。

1. 合理选择微生物种类：常见的有枯草杆菌、粪链球菌等微生物用于粪便发酵，效果较好。

2. 控制温度：营造出适合微生物不断增殖的温度区间，通常来说 30~50 ℃是微生物菌剂较为活跃的温度范围，超过 65 ℃反而会抑制微生物菌群的活性和增殖效率，此时应该使用铲车等设备及时翻堆。

3. 适当通气：可以采用翻堆法或者鼓风法进行气体更换。

4. 搅拌、翻转：可使发酵处理材料与空气均匀接触，有利于材料的粉碎、均质化。

5. 控制时间：在满足条件的情况下微生物菌群可以在 7 d 后基本完成腐熟过程。过早腐熟效果不好，过晚则容易造成养分流失。

三、堆肥腐熟程度的判定

（一）测定堆肥温度

堆肥发酵过程会产生热量，数天内可使粪堆内的温度急速上升。一般堆体温度应控制在 55 ℃以下，超过 65 ℃则会造成过熟。高温持续几天后下降，经过几次堆温上升、下降之后，堆温不再上升，即可认为堆肥已腐熟。

（二）有机质分解

堆肥处理过程中，有机质因不断分解而减少。经过一段时间有机质残存率呈稳定不变时，可认为堆肥腐熟。

（三）肥料质量

外观呈暗褐色，松软无臭。首先是观察苍蝇滋生情况，如成蝇的密度、蝇蛆死亡率和蝇蛹羽化率；其次是大肠杆菌值及蛔虫卵死亡率。高温堆肥法卫生评价标准见表 2-1。

表 2-1　高温堆肥法卫生评价标准

序号	项目	卫生标准
1	蛔虫卵死亡率	95%~100%
2	大肠杆菌值	0.001~0.01
3	苍蝇	有效地控制苍蝇滋生

实训三　整地施肥

一、目的

1.掌握整地技术：使学生了解并掌握辣椒栽培前土壤翻耕、平整、细碎等整地技术，为辣椒生长创造良好的土壤环境。

2.学会施肥方法：通过实践训练，让学生掌握辣椒栽培前的基肥施用方法和技巧，确保辣椒在生长过程中获得充足的养分。

3.培养实践能力：通过实际操作，提高学生的动手能力、观察能力和解决问题的能力，为将来参加农业生产实践打下基础。

二、实践训练内容

（一）整地实践

土壤选择：辣椒对土壤的要求并不很严格，但应以排水良好的肥沃土壤为宜。选择土层深厚、结构良好、有机质丰富、氮磷钾齐全的土壤进行栽培。

翻耕土壤：使用锄头或旋耕机等工具对选定的地块进行深翻，深度一般在20~30 cm，以打破土壤板结，改善土壤结构，促进土壤熟化。

平整细碎：翻耕后的土壤需进行平整和细碎处理，去除杂草、石块等杂物，使土壤表面平整、细碎，有利于辣椒种子的发芽和根系的生长。

（二）施肥实践

基肥施用：在整地前或整地过程中施入基肥，以有机肥为主，如腐熟的农家肥、堆肥等。基肥的施用量应根据土壤肥力和辣椒品种特性来确定，一般每亩施入腐熟有机肥 3 000~5 000 kg。

化肥补充：在施入有机肥的基础上，可根据土壤养分状况适量补充化肥，如复合肥、尿素等。化肥的施用量也应根据具体情况来确定，避免过量施用造成浪费和环境污染。

施肥方法：基肥应均匀撒施于土壤表面，然后翻耕入土。化肥可与有机肥混合施用，也可在播种或定植时作为种肥或穴肥施入。

三、步骤

准备工具与材料：准备好锄头、旋耕机、有机肥、化肥等工具和材料。

土壤选择与翻耕：选择适宜的土壤地块进行翻耕处理，确保土壤疏松透气。

平整细碎土壤：对翻耕后的土壤进行平整和细碎处理，去除杂草和杂物。

施用基肥：将有机肥均匀撒施于土壤表面并翻耕入土，根据需要补充化肥并混合均匀。

记录与总结：记录整地和施肥过程中的关键步骤和数据，实践结束后进行总结分析并撰写实践报告。

四、注意事项

安全第一：在进行整地和施肥操作时应注意个人安全防护，避免受伤。

环保意识：合理施用化肥，避免过量施用造成浪费和环境污染；妥善处理农业废弃物如秸秆等。

科学施肥：根据土壤养分状况和辣椒品种特性科学施肥，确保辣椒生长过程中的养分需求得到满足，但不过量浪费资源。

实践反思：实践结束后引导学生进行反思，总结分析实践过程中的得失，并提出改进意见，以便在今后的农业生产实践中加以应用和改进。

实训四　土壤消毒

一、目的

1.掌握土壤消毒技术：使学生了解并掌握设施大棚土壤消毒的方法和步骤，有效杀灭土壤中的病原菌、虫卵和杂草种子，减少土传病害的发生。

2.学会土壤改良措施：通过实践训练，让学生掌握设施大棚土壤改良的方法和技巧，改善土壤结构，提高土壤肥力，为设施辣椒等作物的生长创造良好的土壤环境。

3.培养实践操作能力：通过实际操作，提高学生的动手能力、观察能力和解决问题的能力，为将来参加农业生产实践打下基础。

二、实践训练内容

（一）土壤消毒实践

1.高温闷棚消毒法

（1）原理

利用高温杀灭土壤中的病原菌、虫卵和杂草种子。

（2）步骤

清洁棚室：在上茬作物采收结束后，彻底清除棚室内的作物残株、杂草和垃圾。

深翻土壤：使用旋耕机等工具对土壤进行深翻，深度一般在25~35 cm。

灌水：灌足水，使土壤含水量达到田间最大持水量的80%左右，有利于热量向土壤深层传导。

覆膜：在土壤表面覆盖高强度、耐高温、密封好的塑料薄膜，使薄膜离地面约20 cm，形成密闭环境。

高温闷棚：在夏季最热时期（7月上旬至8月底），利用日光照射使棚内迅速升温，地表温度可达50~60 ℃，持续闷棚20 d以上。

揭膜通风：闷棚结束后，揭去塑料薄膜，打开通风口进行通风换气，晾晒土壤7 d左右后再进行定植。

2.化学药剂消毒法

（1）原理

利用化学药剂的毒性杀灭土壤中的病原菌和害虫。

（2）步骤

清洁棚室：同高温闷棚消毒法。

深翻土壤：同高温闷棚消毒法。

撒施药剂：按每亩用量15~20 kg的标准，将垄鑫微粒剂均匀撒施于土壤表面。

翻拌土壤：立即用旋耕机将药剂与土壤翻拌均匀，深度约20 cm。

浇水封闭：视土壤湿度情况适量浇水，然后用塑料薄膜将消毒区域封闭严实。

消毒时间：在气温20 ℃以上封闭消毒12 d。

揭膜松土：揭去薄膜后，在20 cm土层内松土1~2次，透气15 d左右再栽植作物。

（二）土壤改良实践

增施有机肥：在土壤消毒后，每亩施入腐熟有机肥3 000~5 000 kg，改善土壤结构，提高土壤肥力。有机肥应均匀撒施于土壤表面，然后翻耕入土。

合理轮作：实行两年以上的作物轮作制度，可减轻病害发生，抑制有害微生物的繁殖和生长。轮作作物应选择与辣椒无共同病害的作物。

科学施肥：根据土壤养分状况，合理施用化肥和微量元素肥料。化肥应与有机肥配合施用，微量元素不足时，可采用根外喷施等方法进行补充。

三、步骤

准备阶段：准备好所需的工具、材料和药剂，如薄膜、有机肥、化学药剂等。

实施阶段：按照上述土壤消毒和改良的步骤进行实际操作。注意操作过程中的安全和环保问题。

记录与观察：在实践过程中详细记录关键步骤和数据变化，如温度、湿度、土壤性状等；观察土壤消毒和改良的效果，如病原菌杀灭情况、土壤结构改善情况等。

总结与分析：实践结束后进行总结分析，撰写实践报告，分析实践过程中的得失并提出改进意见，以便在今后的农业生产实践中加以应用和改进。

四、注意事项

1.安全第一：在进行操作时，应注意个人安全防护，避免受伤或中毒。

2.环保意识：合理使用化学药剂，避免过量施用造成环境污染；妥善处理农业废弃物，如废弃塑料薄膜等。

3.科学操作：严格按照操作要求进行操作，确保土壤消毒和改良的效果达到最佳。

4.持续观察：在土壤消毒和改良后，应持续观察土壤性状的变化，以便及时调整管理措施。

练习思考题

一、选择题

1. 辣椒是一种容易栽培和管理的作物，适合在稍微肥沃的土壤中生长。辣椒对土壤 pH 值要求在（　　）之间。

　　A.3.7~6.8　　　　　B.4.5~7.6　　　　　C.5.5~8.6　　　　　D.6~7

2. 设施辣椒栽培前施用底肥以（　　）为主。

　　A. 有机肥　　　　　B. 无机肥料　　　　　C. 微生物肥料　　　D. 微量元素肥

3. 酒精能降低土壤中含氧量，从而起到灭虫效果。具体操作步骤，在土壤上喷洒浓度为 2% 左右的酒精，然后用塑料薄膜覆盖（　　）。

　　A.3~5 d　　　　　B.7~14 d　　　　　C.5~7 d　　　　　D.15~20 d

4. 植物秸秆等废弃物和（或）动物粪便等经发酵腐熟的含碳物料是（　　）。

　　A. 农家肥料　　　　B. 有机肥料　　　　C. 微生物肥料　　　D. 无机肥料

5. 微波消毒土壤的机理包括微波的热效应和生物效应（非热效应），在温度高于（　　）时，细菌中蛋白质凝固而导致细菌死亡。

　　A.40 ℃　　　　　B. 50 ℃　　　　　C.60 ℃　　　　　D.70 ℃

二、填空

1. 栽培辣椒的主要设施类型有_____、_____、_____、_____。

2. 不同的水源具有不同的水质特征，因此在设施辣椒栽培中，选择水源时需要考虑_____、_____、_____几个因素。

3. 根据土壤消毒药剂的特点，可采用_____、_____、_____等方法进行土壤消毒。

4. 将土壤摊在水泥地上，让灼热的阳光照射_____，一般可杀死土壤中的真菌孢子和虫卵。

5. 堆肥微生物喜微碱性，即 pH 值为_____适宜。

三、判断题

1. 在设施辣椒栽培环节，要始终秉承无公害栽培理念，所以要选择固定区域开展蔬菜栽培，周边要远离居民区、工业区及交通要道等，避免由于设施蔬菜栽培给周边环境造成污染。（　　）

2.辣椒作为喜肥作物,栽培之前要施足基肥,基肥是辣椒生长好坏的关键因素之一,基肥的营养成分比较丰富而且比较均衡,最关键的是肥效比较持久。（   ）

3.每平方米土壤施 50% 的多菌灵可湿性粉剂 1.5 g,可防治根腐病、茎腐病、叶枯病和灰斑病等。（   ）

4.辣椒的土壤 pH 值要求在 6.0~7.0 之间,若土壤 pH 值低于 5.5,则应加大灌溉用水量。（   ）

5.因地制宜地根据土壤肥力状况和作物养分需求规律,适当补充钙、镁、硫、锌、硼等养分。（   ）

四、思考题

1.简述设施辣椒栽培前整地的重要性。

2.简述土壤消毒的作用。

模块三　设施辣椒的种苗繁育

（9学时，理论3学时、实训6学时）

项目一　设施辣椒种苗生产

【学习目标】

1. 知识目标：了解辣椒种类、设施辣椒育苗的技术、苗圃苗的管理、种苗的质量要求，能熟练开展辣椒育苗工作。

2. 能力目标：具备观察和分析种苗生长状况的能力，能根据种苗的生长状态和育苗时限，进行合理的起苗移栽。

3. 素质目标：通过学习设施辣椒种苗繁育知识，了解设施辣椒种苗的生产过程，进一步掌握设施辣椒育苗能力，促进设施辣椒产业的繁荣和发展，为农民增收致富提供技术保障。

任务一　设施辣椒育苗

一、品种选择

辣椒种类较多，各品种间生物学特性相差较大，产量和用途也差异明显，设施辣椒品种选择一定要按照生产目的和当地适宜栽培的主推类型作为依据。品种选择要以大面积推广的成熟优质品种为选择对象，要了解所选品种的生物学特征和品种属性，选择具有优质、高产、早熟、肉质厚、抗病虫、生育期长的品种。宁夏当前栽培的主要品种类型是羊角辣椒、牛角辣椒和线椒等国内栽培面积较大的成熟品种。

二、设施辣椒育苗

（一）选择温室

北方地区容易出现雨雪、大风天气，需及时架设钢架棚，使用覆膜工艺提升覆膜张力，提高棚膜抵抗恶劣天气的能力。另外，在建设温室大棚时，选择灌溉方便、土壤肥沃的区域为施工点。尽量使用透光率良好的温室薄膜，为温室辣椒进行光合作用提供良好的条件。

（二）苗床准备

选择保温性、通透性良好，设施齐全的日光温室进行育苗工作，对温室土壤进行平整处理，把地膜或者地布铺设在土壤上，避免根系扎入土壤里面。在播种辣椒前，把基质装入穴盘中，然后使用木板刮去多余基质，把9~13层穴盘摆放为一摞按压，并把其逐个平铺在地膜上。

（三）育苗基质

辣椒育苗基质的配方通常包括腐叶土、蛭石、珍珠岩和肥料，具体比例为腐叶土占50%，蛭石占30%，珍珠岩占10%，肥料占10%。这种配方能够提供良好的透气性和保水性，同时满足辣椒生长所需的营养。在使用育苗基质时，需要注意：①基质应提前准备好并消毒，以防止病虫害的发生；②播种前应湿润基质，并保持适当的湿度；③育苗过程中要注意温度和湿度的控制，避免过高或过低的温度影响幼苗的生长。

（四）催芽播种

用布包好辣椒种子放入清水中浸泡3~4 h，之后把种子放到50~55 ℃的水中浸泡大约15 min，可以消灭种子表面的病菌。浸泡结束后，把种子放在0.1%高锰酸钾溶液中浸泡10 min，或使用1%硫酸铜溶液浸泡5 min左右。把种子捞出后使用清水冲洗4~5次，把多余的水沥干，放在潮湿、干净的毛巾里，室温保持在25~30 ℃，进行避光催芽处理。每天用清水清洗1次种子，持续3~5 d，种子露白后就可以播种。

（五）穴盘育苗

育苗盘可选用漂盘或穴盘，漂盘建议选用160孔的，每亩需20盘；穴盘选用72孔的，每亩需40盘。在育苗播种时将基质均匀铺在育苗盘上，用水浇透，直到营养土完全湿润。然后将辣椒种子均匀撒在营养土上，一般每穴播种2~3粒，注意种子之间的距离不要太密集。最后覆盖一层薄薄的营养土，以看不见种子为宜。

（六）苗期管理

白天温度控制在25~30 ℃，夜间温度控制在20~22 ℃，当温度超过30 ℃时要进行通风处理。播种7~10 d就能出苗。等到子叶出土后，要结合土壤墒情和苗情喷水，确保基质含水量保持在 59% ~74%。辣椒幼苗生长到 1 叶 1 心时，可以用 0.2%尿素和 0.2%磷酸二氢钾混合液喷施叶面，每隔 10 d 喷洒 1 次，持续 1~2 次。

三、育苗期间应注意事项

设施辣椒穴盘育苗虽然技术成熟、操作简单，但育苗过程还应注意以下方面。

温度：辣椒生长需要适宜的温度，一般来说，白天温度应该保持在 20~30 ℃，夜间温度应该保持在 15~20 ℃。

光照：辣椒需要充足的光照，一般来说需要保持每天光照时间在 6~8 h。如果光照不足，会影响辣椒的生长速度和品质。

浇水：辣椒育苗期间需要保持适宜的湿度，浇水应该均匀、适量，避免过度浇水导致根部腐烂。每周浇水 1~2 次即可。

施肥：在辣椒生长过程中需要适时施肥，以满足其所需的营养元素。一般来说，可以在播种前施用适量的有机肥或化肥作为基肥，然后在生长期间根据需要适当追肥。

病虫害防治：辣椒生长过程中可能会受到病虫害的侵袭，需要及时防治。一般来说，可以通过加强田间管理、定期喷洒农药等方式进行防治。

【课程资源】

设施辣椒育苗

拓展资料

设施辣椒生产中采用种苗移栽的方式栽培，辣椒种苗的品质很大程度上影响后期辣椒的产量和品质。在生产中规范辣椒育苗技术尤为关键，培养健苗和壮苗是提高辣椒产量和产值的前提。

一、种子处理

（一）晒种

将辣椒种子摊在阳光下晒 2~3 h。在太阳下曝晒，可有效杀死部分种子上所带的病原菌。

（二）浸种

一般可分为温汤浸种和菌液浸种，温汤浸种可杀死种子表面的病菌，而菌液浸种可杀死种子内部的病菌。具体操作：①用 55 ℃温水浸种（应将种子全部浸泡），用木棍不停搅拌，待水温降下后再用清水洗净擦干种子；②用 50% 多菌灵 300 倍液浸种 10~15 分钟，杀死内部病菌；③用 3% 磷酸三钠浸种 20 分钟，可杀死种子灰霉病、炭疽病、早疫病、枯萎病等病原菌及辣椒种子表面所携带的病菌；④在常温下用水浸泡 8~10 h 后方可催芽播种。

二、催芽

催芽是保证辣椒播种后出苗快和苗期整齐一致的一项关键措施。浸种 8~10 h 后过滤甩干，用湿毛巾包裹好种子，置于 30 ℃左右的恒温箱内，并保持一定湿度催芽。一般 6 h 左右翻动 1 次，每隔 24 h 取出用清水清洗。当辣椒种子露白后停止清洗，避免伤苗，待 2/3 种子萌发时即可播种。

三、物资准备

选择品种纯正、生活力旺盛、无病虫害和无杂质的杂交种子。育苗盘可选用漂盘或穴盘，漂盘建议选用 160 孔的，每亩需 20 盘；穴盘选用 72 孔的，每亩需 40 盘。同时准备肥料、育苗场地、消毒剂、播种机及基质。在育苗前，需要对育苗盘进行消毒，可以使用漂白粉或酒精擦拭育苗盘表面，以消灭病原菌和细菌，减少病害的发生。

项目二　育苗期管理技术

【学习目标】

1. 知识目标：了解种苗杀菌的意义和重要性，掌握设施辣椒育苗阶段对光、温、水的需求，合理选择设施辣椒种苗的移栽时间，正确操作种苗管理技术。

2. 能力目标：掌握设施辣椒繁殖育苗技术，并根据种苗实际情况，充分运用所学的育苗方法和技巧，掌握相关药剂的正确使用方法和注意事项，确保辣椒种苗质量。

3. 素质目标：通过掌握辣椒育苗技术，提高学生对辣椒种苗繁育过程的认识，增强其对设施辣椒产业的热爱，培养一批具有专业技能的农业技术人才。这项技术的推广与应用，有助于提高设施辣椒产量，增加农民收入，促进地方经济发展，实现乡村振兴战略目标。

任务一　苗期管理

辣椒育苗期的管理直接关系到辣椒苗的生长质量和后续的产量与品质。辣椒育苗期的管理包括温度、湿度、光照、水分、肥料等多个方面，对辣椒苗的生长具有决定性影响。

一、温湿度

播种后 7 d 内应保持棚内湿度，以促进根系生长，同时保持棚内温度在 20~30 ℃，发现有出苗时，应及时揭膜。子叶展开后至第一片真叶长出之前，白天温度控制在 18~20 ℃、夜间在 12~16 ℃。第一片真叶长出后，白天温度控制在 20~25 ℃、夜间在 15~18 ℃。适当控制苗床水分，防止徒长，后期应揭开棚膜，进行炼苗。

二、光照

辣椒需要充足的光照，一般来说需要保持每天光照时间在 6~8 h。光照不足，会影响辣椒的生长速度和品质。

三、水肥

当辣椒幼苗开始长出心叶时，可根据土壤干湿度情况适当浇水，保持土壤湿度，遵循见干见湿的原则。在秧苗生长后期，可喷施少量尿素溶液作为追肥，以保证秧苗新梢生长，促进花芽分化。

四、病虫害防治

辣椒育苗过程中可能会受到病虫害的侵袭，需要及时防治。

（一）辣椒疫病

发生在棚内湿度大、温度低的环境中。应及时清除受病植株、排水，保持土壤含水量在80%左右。可喷洒64%杀毒矾可湿性粉剂、75%百菌清可湿性粉剂和芸苔素内酯的混合液。

（二）辣椒病毒病

预防为主，目前无特效药可治愈。应及时防治蚜虫，避免传播病毒。可喷洒含多种微量元素的叶面肥，增强辣椒抗病能力。未发病植株可喷洒香菇多糖或盐酸吗啉胍等进行预防。

（三）辣椒菌核病

低温高湿环境下易发生。应控制田间湿度在85%以下，喷洒乙磷铝、扑海因可湿性粉剂或甲基托布津等药剂。

【课程资源】

苗期管理

任务二　种苗移栽前的病虫害防治

一、杀菌剂的种类

目前农业生产上使用的杀菌剂的主要功能在于阻止病菌孢子萌发，或防止病菌侵入植物体，阻止已侵入的病菌产生新的繁殖体。有的杀菌剂只有一个作用，如硫酸铜、代森锌、石硫合剂、石灰等；有的有两个或三个作用，如多菌灵、三环唑、叶青双、粉锈宁等。有两个或三个作用的杀菌剂多为内吸型杀菌剂，它们不但在植物体外也可以在植物体内控制住病原菌，使病害不再扩展。因此，在使用杀菌剂之前，一定要弄清杀菌剂的作用机制，然后根据不同作物病害对症选择使用。杀菌剂大体上可以分为以下三类。

（一）保护性杀菌剂

保护性杀菌剂仅对作物起保护作用，主要用于控制病害的侵入，喷施后在作物受体表面形成一层保护膜，以阻断病菌与叶片接触。若病菌已经侵入，正处于潜育阶段，保护性杀菌剂则起不到作用。因此，保护性杀菌剂最好在病害发生之前或发生初期使用，才可以收到保护作物不受危害的作用。常见的杀菌剂农药有铜制剂（波尔多液）、硫制剂（石硫合剂）、代森锌、代森锰锌、福美双、克菌丹、敌克松、百菌清、百可得、乙烯菌核利、速克灵、异菌脲等。

（二）治疗性杀菌剂

治疗性杀菌剂是在病菌已经侵入田间作物并显现出症状，但未造成危害的阶段使用，能抑制病菌的蔓延、扩散，或能直接杀死植物体内的病菌。这类农药大多数在植物上具有很好的内吸性、传导性，可以从表皮渗入并扩散到叶、茎等各部位。如多菌灵、春雷霉素、甲基硫菌灵、托布津、三乙磷酸铝、噻菌灵、咪鲜胺、甲霜灵、恶霉灵、嘧菌酯、烯酰吗啉、三环唑、嘧霉胺等均属于此类杀菌剂。如果作物已经发病严重并造成一定损失，再喷洒治疗性杀菌剂则防治效果较差。

（三）铲除性杀菌剂

铲除性杀菌剂对病原菌有直接强烈杀伤作用，但生长期植物不能忍受这类药剂，因此，只能在播种前用于土壤的处理，或用于植物休眠期及种苗处理。常见的有福尔马林消毒带菌种子，戊唑醇对小麦条锈病、白粉病使用方法得当有铲除病菌的作用。杀菌剂使用原则是以预防为主、防治为辅，即在病菌发生危害之前或侵入初期进行积极的用药防治，才能控制病害的蔓延。

二、杀菌剂的使用方法

（一）田间喷洒（撒）

田间喷洒（撒）是最常用的使用方法。杀菌剂有多种剂型，如粉剂、微粉剂、可湿性粉剂、可溶性粉剂、悬浮剂、乳油、烟雾剂、水剂等。在使用前应详细阅读包装上标注的剂型、使用方法、配制所需浓度、防治对象，适时施用。喷洒（撒）药液或药粉，主要对田间生长着的农作物喷药，要求均匀周到。

在田间喷药时应注意以下问题。

防治作物病害。应先确定病害的种类，然后选用对口的杀菌剂，根据作物生长期、气候条件和药剂类型考虑使用浓度。一般情况下乳剂的使用浓度比可湿性粉剂低一些。

喷药时间。主要根据病害的发生、发展规律和气候条件决定，同时做好病虫害的预测预报，最好在病害快要发生前进行喷药防治。用杀菌剂防治作物病害与用杀虫剂防治作物虫害不同，使用杀虫剂防治害虫有时施一次药即可达到较好的防效，而使用杀菌剂防治作物病害要多次用药，重复施药的时间和次数应根据病菌的侵染特性、药剂残效期的长短及气候条件来决定。一般情况下每隔7~10 d喷1次，内吸性强的杀菌剂可每隔10~15 d喷1次。

喷药质量。喷雾器内要有足够的压力，雾点要细。

喷药量。避免用药量过大、浓度过高、喷药次数过多、间隔时间过短，以免对作物造成药害。

合理配制药物。根据农药的性质进行合理混配，达到增加药效，减少用量的目的。内吸性杀菌剂长期单一使用，病菌易产生抗药性，使用时应与无机硫、代森锰锌等配合使用，以延缓病菌抗药性的发生。杀菌剂与杀虫剂、杀螨剂或其他不同杀菌剂混合使用时，还要看药剂的理化性能，是否会产生化学反应，以免影响药效。如代森锰锌不能与铜制剂、汞制剂、强碱性农药混合。如在生产上必须使用，用药时间应有一定的安全间隔期，一般间隔期为7~10 d。

（二）土壤消毒处理

植物病害很多是由土壤传播的，如猝倒病、青枯病、根腐病、根结线虫病等。防治时应对带病的土壤进行消毒，在一定程度上对减轻病害发生、发展起到重要作用。整体或局部防护有多种方法，如直接在苗床、土壤中施药，可以配成药土撒施或直接喷施药粉，如果是液剂也可配成毒土或直接注入土中。用熏蒸作用杀菌的棉隆等，需在施药后等待一定的时间才可播种，否则药害严重。有的可浇灌药液，或滴灌的同时施药于土中。可以全田施药，也可在播种时带药施药，以减少药的用量。还有的制成复合型颗粒剂使用。土壤处理有一套复杂技术，最好请当地植保部门给予指导。

（三）种苗消毒

种苗消毒用 75% 百菌清可湿性粉剂 600~800 倍液均匀喷洒切好的种苗，喷施后立即进行栽植。许多植物病害是由种苗传播的。因此，种苗的化学处理对病害防治十分重要，是一种经济、有效的病害防治方法。种苗处理中以种子处理最为重要，种子处理的方法有浸种、拌种、热化学法、湿拌法等。常用的种子拌种剂有立克秀等。

【课程资源】

种苗移栽前的病虫害防治

项目三　实训

【学习目标】

1. 知识目标：能操作设施辣椒育苗的基本技术流程，掌握育苗期棚内管理技术。

2. 能力目标：通过学习，使学生掌握设施辣椒的育苗技术和育苗阶段的病虫害防治技术的操作要领，具备独立完成技术操作的能力，并能根据实际情况进行相应的技术创新。

3. 素质目标：通过设施辣椒的育苗技术和育苗阶段的病虫害防治技术的推广与应用，提高设施辣椒种苗的产量和品质，促进农民增收，推动设施辣椒产业的技术创新和产业结构优化升级。

实训一　辣椒穴盘育苗

一、辣椒穴盘育苗

穴盘育苗是辣椒的快速高效育苗技术。育苗盘是常用的育苗工具。

（一）播种前准备

选择适当的育苗设施，如温室或拱棚等，选用透气性良好且经过无害化处理的材料，如草炭、珍珠岩等，将其填充至穴盘中。基质应选择透气性好、无害化处理过的材料，如草炭、珍珠岩等。装盘压坑后摆盘喷水，确保基质湿润。

（二）浸种催芽

将种子放入 55~60 ℃的热水中浸泡 10~15 min，然后室温条件下继续浸泡 8~12 h。漂去秕瘦种子，反复搓洗冲净种子上的黏液。催芽时，将种子放置在 25~28 ℃的恒温箱中，一般 3~4 d 后有 70% 露白即可播种。

（三）播种

选择优质、高产、抗病强的品种进行育苗。播期根据栽培季节、育苗手段和壮苗指标确定。播种量取决于育苗面积和所需苗数。播种方法是将催芽的种子播种在穴盘，每穴一粒，覆盖 1~1.5 cm 厚的基质，然后喷水、盖膜。

（四）苗期管理

包括揭膜覆土、间苗补苗、温度控制、水分管理和光照控制等。幼苗出土后，适当间苗，保证每穴一株健壮苗。夏季育苗需搭建遮阳网降温，冬季则需保温。同时，注意通风管理，防止病虫害滋生。

（五）移栽准备

在苗期适宜时，进行移栽前的准备工作，如浇足水、保证光照和温度适宜等。

二、优缺点

在辣椒栽培中，穴盘育苗是一种比较先进的育苗技术，可以帮助辣椒种苗快速生长、增强抗病能力，从而在移栽后快速恢复生长，提高辣椒产量。但是由于穴盘育苗环境相对封闭且温度较高，在过度育苗过程中，容易诱发一些病虫害，例如根瘤线虫、灰霉病等。这些病虫害会严重影响辣椒植株的生长发育，进而影响产量。穴盘育苗过程需要保持一定的温度和湿度，需要进行高强度的灌溉管理和光照控制。一旦管理不当，会造成穴盘内氧气和二氧化碳浓度失衡，进而对辣椒苗生长产生不良的影响。穴盘育苗技术需要使用专门的育苗器具、育苗介质和农药等，且穴盘育苗过程需要对苗床进行密切监测和管理，这些都需要耗费大量的劳动力和资源。

三、注意事项

1.选择适宜的育苗期：穴盘育苗过程需要掌握适宜的育苗期和温度要求，尤其是在早春和晚秋等季节或高寒地区，要注意调整温度和湿度，减少对育苗的影响。

2.科学管理：穴盘育苗过程的肥料、农药管理要科学合理，避免给辣椒苗带来过多的化学物质负担和毒害。此外，要及时清理穴盘，减少残留物堵塞孔洞，保持氧气、二氧化碳均衡。

3.适时移栽：为了避免过度育苗产生的问题，可以在种子发芽后及时进行移栽，不要让苗期过长。移栽时要注意避免损伤辣椒苗，否则不易恢复生长。

实训二　辣椒漂浮育苗

辣椒漂浮育苗是利用漂浮盘在水面上进行育苗的技术。漂浮盘材质为聚苯乙烯塑料泡沫，盘面上撒上适量的发酵堆肥或腐熟鸡粪，然后将种子均匀地散播在盘面上，用塑料薄膜覆盖，再用木板压住，在水面上浮动。

一、育苗方法

（一）育苗场地选择

选择地势平坦、向阳的耕地为宜，周围应具备水源、电源和交通道路。

（二）育苗棚、营养池的建造

育苗棚大小可依据播种规模建造。一般为顶高 3 m、肩高 1.5 m、长 30 m、宽 8 m 的标准塑料棚。棚室应南北向，以保障光照均匀。

育苗营养池大小根据辣椒栽培面积的大小，或者根据现有的棚确定育苗池尺寸。漂浮盘为160穴（52 cm × 33 cm × 6 cm）规格，一般排放四个漂浮盘。育苗池宽为1.4 m，长度根据育苗棚长度而定，但最长不能超过30 m，中间走道宽50 cm，与池埂面持平。育苗池底部使用杀虫药剂后立即铺膜。棚膜须用无水滴膜。

（三）加水造池

漂浮育苗是在水中进行的，水质的好坏直接影响椒苗的生长。水质 pH 值以 6.5~7 为宜，电导率为 1 500 μS/cm 以下为宜。苗池于播种前 1 d 灌水，第 1 次灌水至 3~5 cm 深，当椒苗出现真叶后，在营养池内灌注清水至 5~7 cm 深，如果出现漏水跑肥现象，则及时加水补肥。水面不能暴露在阳光下，以防藻类滋生。

（四）育苗盘的消毒

按照规格制作漂浮盘，选择适宜的材料，制成规格相等的盘面。盘面上铺一层膜，在膜上撒适量的发酵堆肥或腐熟鸡粪。旧漂浮盘必须消毒后才能使用，消毒程序及方法：先将旧漂浮盘洗净后用 0.1% 硫酸铜液浸泡 10 min，再用 0.4% 漂白粉液漂洗（200 g 漂白粉加 50 kg 水），或用 500 倍多菌灵药液浸泡穴盘 30 min 即可。

（五）基质配制

基质配比＝秸秆：腐殖质：牛粪（或油饼）：珍珠岩：蛭石 =7：3：3（或 1）：3：1。在基质中掺匀添加 0.5‰的氮磷钾肥及 0.1‰的硫酸铜和 0.5‰的多菌灵等并加水，直到用手抓一把基质再松开手时，基质团开裂但仍保持团状，即可装盘。

（六）装盘

装盘前首先要检查漂浮盘底孔是否堵塞，有堵塞的须先钻通。先在地上铺一张干净薄膜，如果基质在运输贮存过程中有结块成团现象，可将基质过筛后喷水调整其湿度（45%~55%），达到手握成团、触之即散为宜。如基质紧黏在一起，则水分过多，应适当摊晾，以降低水分。不要用力压实漂浮盘表面，装填时用直木板将基质推入穴内，然后将其端到 10 cm 高，让其自然下落 3~4 次，也可用木板敲击盘的两侧（或用手轻拍盘的两侧），使基质充实，并达到均匀一致，不架空、不过紧，松紧适中。

（七）播种

种子处理与消毒：设施辣椒育苗应选择品种纯正、活力旺盛、无病虫害和无杂质的种子；种子量每亩 30~50 g 左右；播种前晒种 2 d，用 55~60 ℃温水浸种，搅动 15~20 min，捞出后用 0.1% 高锰酸钾浸种 10 min 或 1% 硫酸铜浸种 5 min，清水洗 4~5 次，然后进行适当晾干，便于播种。

播种要求：用指尖轻压漂浮盘孔格基质，形成深 6~10 mm 的播种穴；用手指将种子点播入穴，每穴播 1~2 粒，要根据辣椒的栽植密度灵活掌握；播后立即覆盖基质与漂浮盘盘面齐平。

播种时间：水温、气温均稳定超过 10 ℃，即可播种。可以在漂浮池的底部铺垫电热线、干稻草、腐熟作物秸秆残渣等来提高水温。

（八）漂浮盘入池

将播种后的漂浮盘按播种顺序整齐摆放在育苗营养池水面上，漂浮盘放入水床后，要让其自然吸水，切勿用力下压漂浮盘试图快速吸水。入池 24 h 后若有栽培孔不能吸水，要将栽培孔用细铁丝钻通，使基质吸水以确保种子吸水充分。

（九）施肥

肥料配比以氮、磷、钾肥的含量配比 1：1：1 为宜，再加入浓度各 0.1‰硫酸铜和微肥。

漂浮育苗施肥可按两种方案进行。方案一是分两次施肥，第一次在播种时，纯N、P_2O_5、K_2O 的浓度各为 0.03%；第二次在播种后长到 2 片真叶时，纯 N、P_2O_5、K_2O 浓度各为 0.05%。方案二是在播种后，椒苗长到 2 片真叶时一次性施纯 N、P_2O_5、K_2O 的浓度各为 0.8%。施肥时应首先在容器中用热水溶解肥料，然后分几处倒入水床，适当搅拌，以促进肥料均匀分布。

（十）苗期管理

出苗前必须盖严农膜严格保温，促进种子的裂解萌发。晴天 10：00 至 16：00，棚内温度会骤增，湿度会变得很高，这时应进行通风排湿。种子破土出苗后，为防止徒长，床温要逐渐下降，降温的程度应不妨碍幼苗生长。宜把床温降到白天 15~20 ℃、夜间 12 ℃。也可将漂浮盘提到岸上，让基质干燥到椒苗刚开始萎蔫，再放入水床中，此方法可预防猝倒病。出苗后，当温度上升到 15 ℃以上时，每天应通风排湿 2~4 h，通风孔高约 50 cm，宽约 50 cm。温度上升到 20 ℃时，晴天要加大通风量和延长通风时间，阴雨天也要通风见光 3~4 h。苗中后期，温度高于 25 ℃时，需加强通风排湿。定植前 5~7 d 不论日夜都要将农膜和大棚四周揭开，使秧苗接受露地的低温锻炼，适应露地的生态环境。

炼苗：椒苗移栽前 7~10 d，断水、断肥炼苗 2~3 次，以椒苗中午萎蔫、早上能恢复为宜。移栽前 1 d 停止炼苗，把苗盘放入营养池内，让椒苗充分吸足水肥，再移栽到大田。

二、优缺点

漂浮育苗优点是无须耕耘、插秧，而且不用搭建花架、支柱等栽培基础设施，可以大大节省时间和人力成本。漂浮育苗的设备容易制作，管理简单，可大大降低后期管理成本。漂浮育苗的环境相对稳定，可以避免盆栽、插秧等传统育苗方式出现的苗期抽条、萎蔫等问题，提高成活率。漂浮育苗适用于一些高原地区或山区，这些地区大多缺乏优质土壤和灌溉条件，因此栽培场地有限，在使用漂浮育苗的情况下，可以有效扩大栽培范围。缺点主要是种子和营养物质的分布不均匀，漂浮育苗法中所栽培的辣椒可能会因不同的营养吸收，导致生长状况不均匀。相比于其他育苗方法，漂浮育苗法需要更多的耗材和水源，会增加育苗成本。

实训三　设施辣椒育苗

一、目的

1. 掌握育苗技术：使学生了解并掌握设施辣椒育苗的全过程，包括种子处理、基质准备、播种、温度调控、水分管理等关键步骤。

2. 提高动手能力：通过实际操作，提高学生的动手能力和实践能力，培养细致、耐心的工作态度。

3. 培养综合素质：在育苗过程中，培养学生的观察能力、分析能力和解决问题的能力，同时增强团队合作意识和环保意识。

二、内容

（一）种子处理

1. 目的

提高种子发芽率，杀灭种子表面携带的病原菌和虫卵。

2. 步骤

选种：选择饱满充实、色泽鲜亮、无病虫的种子。

晾晒：将种子晾晒 8~12 h，以提高发芽率。

消毒：可采用高锰酸钾浸种法，将种子浸泡在 1% 的高锰酸钾溶液中 20~30 min，然后用清水冲洗干净。

浸种催芽：将消毒后的种子放入 55 ℃ 的热水中，不断搅拌至水温降至 30 ℃ 左右，然后浸泡 4~6 h。浸种结束后，将种子捞出并用湿布包好，置于 25~30 ℃ 的环境中催芽，每天用温水冲洗 1 次，5~6 d 后种子露白即可播种。

（二）基质准备

1. 目的

为辣椒幼苗提供适宜的生长环境。

2. 步骤

选择基质：可选用疏松透气、保水保肥的基质。

消毒：对基质进行消毒处理，可采用蒸汽消毒或化学药剂消毒等方法，以杀灭基质中的病原菌和虫卵。

装盘：将消毒后的基质装入育苗盘中，装盘时基质应松紧适度，表面平整。

（三）播种

浇水：在播种前浇足底水，使基质充分湿润。

播种：将催芽后的种子均匀撒播在育苗盘中，然后覆盖一层薄薄的基质或蛭石。覆盖厚度以不见种子为宜。

覆盖薄膜：播种后覆盖一层塑料薄膜或拱棚膜以保温保湿，促进种子发芽。

（四）苗期管理

温度调控：辣椒幼苗对温度要求较高，播种后应保持较高的温度以促进种子发芽。一般白天温度控制在25~30 ℃，夜间温度不低于18 ℃。随着幼苗的生长逐渐降低温度以防止徒长。

水分管理：保持基质湿润但不过湿，以防烂根。浇水应遵循见干见湿的原则，即基质表面干燥时再浇水。

光照管理：辣椒幼苗需要充足的光照以促进光合作用和生长发育。在设施条件下可通过调节遮阳网和补光灯来控制光照强度和光照时间。

间苗与定苗：当幼苗长到一定高度时进行间苗和定苗，以保持合理的株距和密度。间苗时应淘汰弱苗和病苗，保留健壮的幼苗。

三、步骤

1. 准备阶段：准备好所需的种子、基质、育苗盘、工具等材料和设备。

2. 实施阶段：按照上述步骤进行种子处理、基质准备、播种和苗期管理等操作。注意操作过程中的细节和要点，确保育苗成功。

3. 记录与观察：在实践过程中详细记录关键步骤和数据变化，如温度、湿度、光照强度等；观察幼苗的生长情况和病虫害发生情况，以便及时调整管理措施。

4. 总结与分析：实践结束后进行总结，分析撰写实践报告；分析实践过程中的得失并提出改进意见，以便在今后的农业生产实践中加以应用和改进。

四、注意事项

1. 安全第一：在进行育苗操作时应注意个人安全防护，避免受伤或中毒。

2. 环保意识：合理使用化学药剂，避免过量施用造成环境污染；妥善处理农业废弃物，如废弃基质等。

3. 科学操作：严格按照操作步骤和要求进行操作，确保育苗成功率和幼苗质量。

4. 持续观察：在育苗过程中应持续观察幼苗的生长情况和环境变化，以便及时调整管理措施，促进幼苗健康生长。

练习思考题

一、选择题

1. 不属于宁夏当前设施栽培的主要辣椒品种类型是（　　）。

　　A. 羊角辣椒　　　　B. 牛角辣椒　　　　C. 线椒　　　　D. 朝天椒

2. 当前技术成熟的设施辣椒主要育苗方式是（　　）。

　　A. 穴盘育苗、漂浮育苗　　　　　　B. 扦插育苗、漂浮育苗

　　C. 穴盘育苗、"芽块"育苗　　　　　D. 扦插育苗、分株繁殖育苗

3. 不是辣椒种子杀菌处理的方法是（　　）。

　　A. 晒种　　　　　B. 温汤浸种　　　　C. 菌液浸种　　D. 土壤消毒处理

4. 催芽是保证辣椒播种后出苗快和苗期整齐一致的一项关键措施。浸种 8~10 h 后过滤甩干，用湿毛巾包裹好，置于（　　）左右的恒温箱内。

　　A. 25 ℃　　　　　B. 30 ℃　　　　　C. 18 ℃　　　　D. 20 ℃

5. 设施辣椒育苗前应选择的种子是（　　）。

　　A. 品种纯正、自留种子、无病虫害、无杂质

　　B. 品种纯正、活力旺盛、无病虫害、无杂质

　　C. 品种纯正、自留种子、无病虫害、无污染

　　D. 大小均匀、活力旺盛、存放良好、无杂质

二、填空

1. 设施辣椒育苗虽然技术成熟、操作简单，但育苗过程还应注意_____、_____、_____、_____、_____管理。

2. 选择具有优质、_____、_____、_____、_____、_____的品种。

3. 当前技术成熟的设施辣椒主要育苗方式是_____和_____。

4. 辣椒种苗移栽前要进行种苗消毒，用 75% 百菌清可湿性粉剂_____液均匀喷洒至切好的种苗，喷施后立即进行栽植。

5. 杀菌剂中，大体上可以分为_____、_____、_____。

三、判断题

1. 催芽是保证辣椒播种后出苗快和苗期整齐一致的一项关键措施，当辣椒种子露白后停止清洗，避免伤苗，待 2/3 种子萌发时即可播种。（　　）

2. 辣椒种苗越大、苗期越长，对种苗的生产有益，要尽量延长苗期。（　　）

3. 穴盘育苗技术是一种比较先进的育苗技术，它可以帮助辣椒种苗快速生长，提高抗病能力，从而在移栽后快速恢复生长，提高辣椒产量。（　　）

4. 辣椒需要充足的光照，一般来说需要保持每天光照时间在 6~8 h，如果光照不足，会影响辣椒的生长速度和品质。（　　）

5. 株高 20 cm 左右，长出 10~12 片真叶，节间短、叶色深绿、叶片厚、根系发达、须根多、花蕾明显时，即可进行大田移栽。（　　）

四、思考题

1. 怎样选择设施辣椒的栽培品种。

2. 简述辣椒穴盘育苗的优点。

模块四　设施辣椒生长期田间管理技术

（18学时，理论8学时、实训10学时）

项目一　设施管理

【学习目标】

1. 知识目标：掌握设施辣椒栽植空气温度和土壤温度要求、栽植时间、栽植密度要求、辣椒栽培原则。

2. 能力目标：具备分析设施辣椒生长环境的能力，能根据实际情况制定合适的栽植方案；掌握设施辣椒生产过程中的关键技术，能独立完成栽植工作；具备调整和管理设施辣椒生长过程中的问题，确保设施辣椒产量和质量的提升。

3. 素质目标：通过学习设施辣椒栽培技术，提高个人职业技能，为农村经济发展贡献力量；增强环境保护意识，合理利用土地资源，实现可持续发展；传承和弘扬我国设施辣椒栽培文化，提升民族文化自信。

任务一　设施辣椒种苗移栽技术

一、种苗移栽时间

按照北方设施辣椒的栽培习惯，在2月开始辣椒育苗，3月中旬左右完成种苗移栽。

二、栽培模式与栽培密度

（一）栽培模式

设施辣椒栽培主推模式为起垄垄上栽培，起垄栽培能有效提高地温，这是因为起垄后，土壤的受光面积大大增加，从而有利于地温的提升。起垄栽培在排水防涝方面具有显著优势，起垄形成的垄沟能在暴雨时迅速收集并排出雨水，避免辣椒长时间受淹腐烂；即使有少量积水，垄沟也能为辣椒根系提供适宜湿度，减少积水对根系的不良影响，促进其生长。起垄栽培模式也能有效促进肥料分解，从而提高土壤的肥力。这一优势主要得益于起垄后土壤与空气接触面积的大幅增加，这种增加不仅提升了土壤的保温蓄热、保水保湿和透气能力，还显著促进了有益微生物的繁殖。

（二）栽培密度

设施辣椒栽培的适宜密度是每亩 4 000~5 000 株。这是基于不同品种的特性来确定的，其中早中熟品种，由于株型较小，可以适当增加密度；晚熟品种，由于株型较大，栽培密度应相对较低。例如，青椒每亩可以栽培 4 000 株，行距和株距的具体建议为 50~60 cm 和 25~30 cm。这样的栽培密度有助于产量最大化，同时确保植株之间有足够的空间进行光合作用和生长，避免过度竞争资源。

【课程资源】

设施辣椒种苗移栽技术

任务二 设施辣椒栽培管理

一、设施辣椒生长阶段

（一）营养生长期

作物营养生长期是指作物从种子或种株萌发至花芽或幼穗开始分化前的根、茎、叶等营养器官分化与形成的时期。在这个时期，植株接受一定的温、光条件诱导，才能通过发育，转入生殖生长。营养生长期植株健壮、养分积累充足，利于生殖器官充分发育，实现高产。

辣椒营养生长期分为苗期和生长期。

苗期：种子发芽后到定植大田前为苗期。种子发芽后，先长出新根，从土壤中吸收水分和矿物质；破土后，长出 2 片子叶，进行光合作用。辣椒子叶不仅对幼苗的生长影响很大，而且对辣椒苗后期的生长状况也有一定的影响。幼苗期生长量很大，新陈代谢非常旺盛，光合作用所产生的营养物质，除植株本身的呼吸外，几乎全部用于新生根、茎、叶的生长需要。

生长期：是从定植后至开花前的这一段时期。辣椒根、茎、叶进入生长旺盛阶段，光合作用的产物除满足自身的生长外，还有一个养分的积累过程，为以后的开花结果打下物质基础。

（二）生殖生长期

作物从花芽或幼穗分化开始至果实、种子成熟为止，是以形成花、果、种子等生殖器官为主的生长时期。其间的环境条件与光合产物积累，是作物高产稳产的重要条件。

辣椒生殖生长期分为开花期和结果期。

开花期：是指第一朵花开放到开花结束，这段时期大概是 20~30 d，是辣椒制种的关键时期，对外界环境的抗性较弱，对温度、湿度、光照的反应敏感。要适当追施氮肥和磷肥来促进辣椒的生长和发育。

结果期：是辣椒结果后至果实充分成熟的整个过程。由于品种的不同，果实期时间也不同，一般为 90~120 d。

二、管理技术

（一）温度管理

定植后尽量保持较高的温度以促进缓苗。1 周内棚内温度保持在白天 28~32 ℃、夜间 15~18 ℃。缓苗后将棚内温度降至 25~30 ℃（超过 32 ℃时需通风），夜间温度保持在 15~20 ℃。种苗成活后要适当降低夜间温度，促进植株生殖生长。生长后期由于天气逐渐变暖，气温升高，应及时打开通风口通风，并逐渐由小变大增加通风量，为辣椒植株生长创造舒适的环境条件，为获得高产、稳产打下坚实的基础。

（二）水分管理

辣椒虽然耐旱不耐涝，但缺水难以获得丰产。土壤水分充足，茎叶发育良好，花芽形成早，开花期也早。定植后 5~7 d 浇缓苗水，之后小水勤浇，保持土壤湿润，切忌大水漫灌。辣椒生长期水分供应及时充足，以利于植株营养积累，为后期的丰产奠定基础。

（三）植株调整及吊蔓

设施辣椒在种苗移栽成活后要对植株进行整枝、吊蔓，摘掉下部多余的分枝及老叶，以利通风透光。之后用 18# 或 20# 钢丝作拉线，拉线高度 170 cm，每垄上拉线两道，拉线之间间距为 40 cm。拉线后用细毛线吊蔓，每株 3~4 根，如图 4-1。

图 4-1　设施辣椒吊蔓

（四）整枝

对辣椒植株合理整枝，有助于塑造良好树型，提高产量。辣椒植株有分叉处首朵花下面的小侧枝都要去掉，可保留 2~3 个分枝让其长大。

（五）授粉

室外有风帮忙，不用授粉就会结辣椒。室内要每天轻轻摇动辣椒植株，让其自花授粉。

（六）除草

一般在种苗移栽后 15 d 左右进行除草，除草时注意防止对植株造成伤害。设施辣椒整个生育期都应重视除草，在日常管理过程中随手拔除即可。

（七）采摘

辣椒一定要及时采摘，越摘越长，若一直挂枝不摘，则不长新果。

【课程资源】

设施辣椒种植管理

项目二　水肥管理

【学习目标】

1. 知识目标：能掌握设施辣椒各生长阶段排灌要求及特点，合理根据辣椒生长需求进行水肥管理；正确判断辣椒的旱涝程度、需肥规律，正确操作水肥管理技术。

2. 能力目标：能熟练运用辣椒各生长阶段的灌水要求，根据实际土壤水分情况和蓄水规律合理计划灌水量，确保辣椒的生长需求得到满足。掌握辣椒追肥技术的操作要领，能根据辣椒蓄水规律、需肥规律进行水肥管理，提高辣椒产量、品质和生长期抗逆能力。

3. 素质目标：合理利用水资源，降低农业生产成本，提高农业效益，通过设施辣椒水肥一体化技术应用的推广，促进我国设施农业现代化进程。

任务一　设施辣椒的灌溉技术

一、水肥一体化技术

设施农业水肥一体化技术，融合了灌溉与施肥，是一项农业新技术，具有节水、节肥、省工、优质、高效、环保等优点。这项技术借助压力系统（或地形自然落差），将可溶性固体或液体肥料与灌溉水相溶后通过可控管道系统，经供水、供肥系统，通过滴头形成滴灌，均匀、定时、定量浸润作物根系发育生长区域，使主要根系土壤始终保持疏松和适宜的含水量。同时，根据不同作物的需肥特点、土壤环境和养分含量状况，以及作物不同生长期需水、需肥规律情况，进行不同生育期的需求设计，把水分及养分定时、定量、按比例直接提供给作物。

二、节水灌溉技术

灌溉是设施辣椒栽培的重要环节。北方设施辣椒栽培要重视节水灌溉的方式方法，合理的灌溉是取得最大效益的关键。节水灌溉技术包含滴灌、喷灌和微喷灌技术，它们各有特点，适用于不同场景。

（一）滴灌技术

滴灌技术通过低压管道系统将水直接输送到作物根部，实现了定点、定时、定量的灌溉。传统的灌溉方式，如漫灌往往造成大量的水资源浪费，而且需要大量的劳动力来进行操作，容易造成土壤板结，导致土壤透气性下降，影响作物根系的生长。滴灌技术可以精确控制灌溉水量和时间，大大减少了水资源的浪费和劳动力成本。根据作物的不同需求，可以进行针对性的施肥和灌溉，通过缓慢的水流将氧气带入土壤，增加土壤的透气性，促进作物根系的发育，提高作物的抗病能力。滴灌技术作为一种先进的农业灌溉技术，具有省水、省工、节能、提高作物产量等优点，适用于各种地形和土壤条件，能有效改善土壤结构，提高作物品质，对于促进农业可持续发展具有重要意义。

（二）喷灌技术

喷灌技术是一种高效、精准的灌溉方法，是将水通过喷头喷洒到空中，形成细小的水滴，从而对作物进行灌溉，具有节水、省工、适应性强等优点。喷灌系统在大面积农田、果园和绿化地带中具有很高的应用价值。由于其能够精确控制水量和灌溉时间，因此可以有效提高水资源的利用率，降低灌溉成本，减少水土流失，提高作物的产量和质量。喷灌技术还可以根据作物的生长需求和季节变化进行调整，从而确保作物在合适的时间获得适量的水分。同时，喷灌系统还可以与施肥相结合，实现水肥一体化管理，进一步提高农业生产效率和作物产量。

（三）微喷灌技术

微喷灌技术是一种介于喷灌和滴灌之间的节水灌溉技术，通过低压管道系统将水输送到作物根部，形成细小水滴对作物进行灌溉。微喷灌具有省水、省工、节能和适应性强等特点，适用于各种地形和土壤条件，能有效改善土壤结构，提高作物品质，是一种高效、节能的节水灌溉技术。

【课程资源】

设施辣椒的灌溉技术

任务二 合理灌溉

一、设施辣椒的需水规律

辣椒的栽培过程中需要适当的水分供应来满足其生长发育的需要。辣椒的根系较浅且不发达，因此既不耐旱也不耐涝。在辣椒的不同生长阶段，对水分的需求有所不同。

定植水：辣椒幼苗在移栽时需要充分浇灌，使土壤湿润，帮助幼苗适应新环境。

缓苗水：在定植后的5~7 d，浇缓苗水，促进新叶的生长，助力幼苗快速恢复。

蹲苗：在生长初期进行蹲苗，适当控制水分和养分供应，促进根系生长和花芽分化。

初花期：植株需水量增加，但不宜大量供水，应适量增加水分供给，以满足开花和分枝的需要。

果实膨大期：是辣椒需水的高峰期，需保证适量的水分供应，但要避免过量供水引发病害，降低果实品质。

【课程资源】

合理灌溉

项目三　设施辣椒的追肥

【学习目标】

1. 知识目标：了解设施辣椒追肥的作用和重要性，能正确选择追肥所需要的肥料类型，准确掌握追肥量和施肥方案，能正确操作设施辣椒追肥技术。

2. 能力目标：提高学生对设施辣椒追肥技术的应用能力，使其能够根据设施辣椒生长需求合理选择和使用肥料，精确掌握施肥时间和方法，提高辣椒的产量和品质。

3. 素质目标：学习设施辣椒生产中的追肥技术，使学生认识到农业技术与生态环境、农民收入和社会发展的密切关系。提高学生对设施辣椒产业的关注度，培养学生的社会责任感和使命感，为推动我国设施辣椒产业的发展和农业现代化进程贡献智慧和力量。

任务一　追肥肥料类型

一、追肥种类

（一）氨基酸水溶肥

氨基酸肥是由植物性、动物性原料经分解或人工合成，以氨基酸为主要成分的新型肥料，具有速效、无公害等特点，在农业生产中应用广泛。叶面喷施氨基酸水溶肥，植物可通过叶面气孔或表皮细胞直接吸收利用肥料中的营养成分。氨基酸主要作用为促进种子萌发，增加叶绿素生物合成，促进植物光合作用，提高植物糖含量，提高植物耐受非生物胁迫的能力，促进植物生长发育。

（二）氮肥

氮肥是指以氮为主要成分，施于土壤可提供植物氮素营养的单元肥料。一方面，氮肥能促进蛋白质合成以及作物生长。氮素是所有氨基酸的重要成分，而蛋白质又是由氨基酸组成，因此氮素能够促进蛋白质的合成。细胞分裂作为作物生长发育的基本过程，必须要有蛋白质的参与，并且蛋白质可以作为酶催化作物体内的多种生理代谢活动，因此氮素能够增强作物的营养生长，加快茎叶部位的生长速度，尤其是叶片的生长。同时氮素能够提高作物种子中的蛋白质含量，提高产品的营养价值。另一方面，高等植物叶片（作物进行光合作用同化二氧化碳的场所）中含有

20%~30% 的叶绿体，叶绿体中的叶绿素 a 以及叶绿素 b 均含有氮，因此氮素能够增加叶片中的叶绿素含量，提高作物的光合效率。氮素能够促进叶片生长，加大叶片受光面积，增强作物的光合作用，明显促进作物体内光合产物的积累，从而增加作物的亩产量。

（三）磷肥

磷肥可增加作物产量，改善品质，促进早熟。磷可促进细胞分裂，加速幼芽和根系的生长；可促进呼吸作用及作物对水分和养分的吸收，提高作物对水分的利用效率和度过缺水期短暂干旱的能力；可促进碳水化合物、蛋白质、脂肪的代谢、合成和运转；可增强作物的抗逆性，提高其抗寒、抗旱、抗盐碱和抗病能力，改善产品的品质，提高产品的市场价值；可促进豆科作物根系的生长，缩短根瘤的发育和活化所需的时间，增加根瘤的数量、体积和氮素同化量。

（四）钾肥

钾元素能够增强作物的细胞功能，提高作物的抗寒、抗旱、抗病能力；促进作物的光合作用和同化作用，进而提高作物的生长速度和产量；增强作物的营养代谢，使作物生长更加健康，进而提高作物的品质。

（五）硫酸亚铁

硫酸亚铁（亦称铁肥）能够调节土壤酸碱度，促使叶绿素形成，可防治花木因缺铁而引起的黄化病。它是喜酸性花木不可缺少的元素。

（六）微量元素肥

微量元素肥料是指对辣椒生长有重要作用但施用量较少的肥料，如锌、铜、锰、钼等。这些微量元素肥料参与辣椒生长发育过程中的酶活性、光合作用、植物免疫等重要生理过程。在辣椒开花期，适量喷施微量元素肥能够增加植株的抗病能力，促进花粉管的生长和花粉的落粉，提高辣椒的产量和品质。

【课程资源】

追肥肥料类型

任务二　设施辣椒追肥技术

一、追肥的作用

设施辣椒施肥遵循以有机肥作基肥、化学肥料作追肥，且施肥与浇水相结合的原则。辣椒施肥时虽然主要使用的是腐熟有机肥，但是各种无机肥料与微量元素肥料同样是必不可少的。因此，在施肥特别是追肥的过程中要合理分配好施加有机肥与无机肥的比例，微量元素肥的施入更是关键，施加不足很容易导致辣椒品质下降。

二、追肥技术

（一）水肥一体化追肥技术

设施农业水肥一体化技术借助压力系统（或地形自然落差），将可溶性固体或液体肥料与灌溉水相溶后通过可控管道系统，经供水、供肥系统，通过滴头形成滴灌，均匀、定时、定量浸润作物根系发育生长区域，使主要根系土壤始终保持疏松和适宜的含水量。

（二）叶面喷施

叶面施肥是一种将肥料直接喷洒在植物叶面上的施肥方式。通过植物叶片的吸收作用，将养分快速有效地输送到植物体内，提供植物生长所需的营养元素。植物主要通过根系吸收养分，但也可通过叶片吸收少量养分，一般不超过植物吸收养分总量的5%。叶片吸收的肥料应是完全水溶性的，喷施浓度一般不得超过0.5%。但硝酸钾肥料的喷施浓度可以达到1%甚至更高，因为硝酸钾中氮钾比为1∶3，这恰好是植物吸收这两种元素的最佳比例。

（三）穴施

穴施肥指的是将肥料与优质土壤混合，放置在植株根系附近预先开挖的穴中。这种施肥方法特别适用于植物生长的早期，可以促进植物的发芽和生长。

穴施肥的方法有多种，但最常用的是挖深种孔，把肥料和优质的土壤混合放入种孔中，根据植物的不同，一般施肥深度为5~10 cm。深穴施肥比撒施肥效果更好，不仅可以有效防止肥料被风吹走，而且能更好地保护植物，避免病虫害。

三、追肥方法

（一）追施提苗肥

辣椒第一次追肥一般是提苗肥，也叫苗后肥、苗肥、壮苗肥等。为了促进辣椒植株幼苗尽快生长，培育出壮苗，一般都要在移栽后结合浅中耕亩施尿素 3~5 kg。以轻施为主，切忌多施，以防形成徒长苗。

（二）稳施花蕾肥

此期施肥既要满足辣椒发棵分枝及现蕾的需要，又要防止因追肥太多而造成植株徒长。因此，要选用均衡硫基复合肥和磷肥过磷酸钙配合使用。

（三）重施花果肥

开花坐果是辣椒产量形成的关键期，所以当植株开始大量开花坐果时，果实的膨大和植株的继续分枝都要求大量的养分，这个阶段施肥，就要重施。一般每亩地施 50 kg 油渣、15~20 kg 尿素、20 kg 磷酸二铵、10~15 kg 氯化钾，施肥时最好间距苗 7~10 cm 进行条施，以免造成烧苗；或者每亩施用 5 kg 的硝酸铵或 10 kg 尿素，加 15 kg 的硫酸钾、0.5 kg 的钙镁磷微肥；或者直接施用 20 kg 的氮磷钾三元复合肥配 0.5 kg 的钙镁磷微肥。

【课程资源】

设施辣椒追肥技术

项目四　设施大棚日常管理

【学习目标】

1. 知识目标：了解设施辣椒日常棚内管理的作用和重要性，能正确认识日常操作和除杂草过程中的注意事项，能正确操作日常管理和农艺除草技术。

2. 能力目标：分析各类作业对辣椒植株可能造成的伤害，能根据实际减少对辣椒植株的伤害，具备改进常规作业技术的创新能力，具备与他人合作和交流设施辣椒生产日常管理的能力。

3. 素质目标：通过学习设施辣椒日常管理技术，认识农业可持续发展的重要性；树立正确的农业观念，关注环境保护和资源利用；提高自身职业素养，为农业发展贡献力量。

任务一　设施大棚辣椒栽培中的安全生产

一、大棚结构安全

大棚结构应坚固稳定，具备良好的承重性能，地基要夯实，搭建时要按照相关规定安全施工。选用不易生锈的材料，如镀锌钢管和镀锌铁丝等，并进行防护处理，避免大棚受潮生锈。

二、设备维护安全

大棚设备要经常检查，发现问题及时处理，如电机电线老化、灌溉水管破损应及时更换或修补，喷雾器喷头堵塞应及时清洗等。要做好设备维护记录，以便日后查阅。

三、用电用火安全

大棚内的用电要接地保护，电线等用电装备要符合相关标准。用火时要特别注意火源位置和火势，保证火源与易燃物品有安全距离，避免发生火灾。

四、棚内作业安全

进入大棚前，要先仔细检查棚内是否存在电气线路或设备损坏、开关失灵、易燃易爆物品等安全隐患。在施用化学药剂过程中，要注意通风，佩戴面具、手套等个人防护用品。如需要进行加固棚膜等高空作业，还要佩戴安全带等防护设备。

【课程资源】

设施大棚辣椒种植中的安全生产

任务二 设施辣椒生产中防治杂草的操作技术

一、防治杂草的重要性

防治杂草是辣椒生产的关键环节。杂草与辣椒争夺养分、水分和光照，阻碍辣椒生长发育，直接影响其产量与质量。此外，杂草还会对辣椒根系造成物理损伤，影响辣椒的正常生长。因此，定期除草有助于保护辣椒生长。除草处理可减少杂草与辣椒的竞争，提高辣椒对养分、水分和光照的利用率，进而增加辣椒产量、提升质量、减轻杂草对辣椒的物理损伤，提高农民收入。

杂草常常成为病虫害的栖息地。杂草间隙常成为昆虫、螨虫和霉菌等病虫害的滋生地，这些病虫害繁殖扩散，危害周围作物，影响辣椒产量。因此，除草不仅可以切断病虫害的扩散途径，还可以减少病虫害在杂草间的繁殖和滋生，减少有害杂草对土壤中营养物质和水分的摄取，有助于保护土壤结构，提高土壤可持续利用率。

二、设施大棚内杂草的防治方式

（一）农艺防治杂草技术

起垄垄面铺设黑色地膜，膜上栽培辣椒，膜间铺设压草布。相比于除草剂的高风险与高人工成本，黑色地膜是大棚农户最好的选择。虽然铺设黑色地膜防草效果好、操作简便且节省劳动成本，却存在一些不利于辣椒生长的因素。由于地膜贴地（特别是在浇水之后），土壤微生物分解产生的有害气体不能及时排出，积累在土壤中影响到辣椒根系的生长；贴地覆盖的黑膜吸光量大，反光较少，将产生的热量直接传导入土壤耕作层中，可引起地温的升高，如棚内温度为 35 ℃时，有黑膜覆盖的 10 cm 左右的土层温度往往超过 40 ℃，如此高的温度根系势必受到伤害，吸收能力降低，从而出现菜苗长势弱、黄叶子的情况。

（二）机械除草

人工使用工具或者机械除草，该种除草方法既不污染环境，也可以起到疏松土壤、提高土壤透气性、提高地温和保墒蓄水的作用。通常采用松土除草机和微型旋耕机等小型机械设备中耕除草，视棚内杂草发生程度开展除草，每年不少于 3 次。

（三）化学除草剂除草

化学除草剂除草具有省工、省时、成本低等明显优势，使用方法得当，除草效果立竿见影。但过量使用除草剂易使杂草产生耐药性，造成超级杂草的出现。同时如果使用方法不当，不仅会降低品质，造成减产，甚至会危害人体健康安全，而且会渗入土壤，污染水源，对生态环境造成巨大的损害。应该选用《农药合理使用准则》（GB/T 8321）规定的化学除草剂，连续喷施 3 次后停止使用 1 年。

（四）人工除草

人工拔草具有安全、除草彻底的优势，适合栽培面积较小的农户。但对于栽培大户或合作社而言，人工拔草弊端显著，不仅人工成本高、时效慢，除草时间长，而且若杂草较大且草根盘根错节，除草时还易连带拔断棚内农作物根系，甚至可能出现踩踏植株的情况。

【课程资源】

设施辣椒生产中防治杂草的操作技术

项目五　实训

【学习目标】

1. 知识目标：了解设施辣椒栽植与栽植前的技术要求，掌握土壤水分检测技术。

2. 能力目标：学习土壤水分检测技术，掌握土壤水分监测方法，确保设施辣椒生长过程中水分的合理供应，降低病虫害发生率，提高产量和品质。

3. 素质目标：弘扬传统农耕文化，推动乡村振兴战略。设施辣椒栽培在我国具有悠久的历史，通过传承和发扬这一传统产业，既能丰富农民文化生活，又能促进乡村经济发展，实现产业兴旺，助力乡村振兴。

实训一　设施辣椒种苗移栽操作

一、栽植前准备工作

步骤 1：选地。

选择质地疏松、土壤团粒结构好、pH 值适宜的地块。

步骤 2：整地。

地块选好后深翻整地，翻耕深度为 25 cm 左右，要求达到土壤松软。

步骤 3：施基肥。

结合整地施基肥，栽植地施基肥应符合《肥料合理使用准则通则》（NY/T 496—2010）的规定，一般亩施腐熟的优质农家肥 4 000 kg＋氮磷钾复合肥（15∶15∶15）20 kg。

步骤 4：种苗供应。

设施辣椒的种苗常规采用带穴盘运输。从设施辣椒育苗棚将穴盘运输至移栽温室，去掉弱株、病株，栽培过程中直接从穴盘整株提出，带育苗基质整体移栽。

二、栽植

设施辣椒栽培主推模式为起垄垄上覆膜栽培，起垄宽度 80 cm，垄间走道 40 cm，每垄定植 2 行，定植行距 40 cm、株距 40 cm，定植深度以土不埋住子叶为宜。每穴 1 株，亩定植 3 200~3 400 株。定植后浇足定植水。

实训二 土壤水分检测

一、测定原理

土壤样品在 105 ℃ ±2 ℃烘至恒重时的失重，即为土壤样品所含水分的质量。

二、仪器、设备

1. 土钻。

2. 土壤筛：孔径 1 mm。

3. 铝盒：小型的直径约 40 mm，高约 20 mm。大型的直径约 55 mm，高约 28 mm。

4. 分析天平：感量为 0.001 g 和 0.01 g。

5. 小型电热恒温烘箱。

6. 干燥器：内盛变色硅胶或无水氯化钙。

三、试样的选取和制备

1. 风干样：选取有代表的风干样品压碎，通过孔径 1 mm 筛，混合均匀后备用。

2. 新鲜样：在田间用土钻取有代表性的新鲜样，刮去土钻中的上部浮土，将土钻中部所需深度处的土壤约 20 g 捏碎后迅速装入已知准确质量的大型铝盒内，盖紧，装入木箱或其他容器，带回室内，将铝盒外表擦拭干净，立即称重，尽早测定水分。

四、测定步骤

（一）风干土样水分的测定

步骤 1：取小型铝盒在 105 ℃恒温箱中烘烤约 2 h，移入干燥器内冷却至室温，称重，准确至 0.001 g。

步骤 2：用角勺将风干土样拌匀，舀取约 5 g，均匀地平铺在铝盒中，盖好，称重，准确至 0.001 g。

步骤 3：将铝盒盖揭开后放在盒底下，铝盒置于已预热至 105 ℃ ±2 ℃的烘箱中烘烤 6 h。

步骤 4：取出铝盒，盖好，移入干燥器内冷却至室温（约需 20 min），立即称重。风干样水分的测定应做 2 份平行测定。

（二）新鲜土样水分的测定

步骤 1：将盛有新鲜土样的大型铝盒在分析天平称重，准确至 0.01 g。

步骤2：揭开盒盖后放在盒底下，铝盒置于已预热105℃±2℃的烘箱中烘烤12 h。

步骤3：取出，盖好，在干燥器中冷却至室温（约需30 min），立即称重。新鲜土样水分的测定应做3份平行测定。

注：烘烤规定时间后一次称重，即达"恒重"。

五、测定结果的计算

1. 计算公式。

$$水分（分析基）= \frac{m_1 - m_2}{m_1 - m_0} \times 100\%$$

$$水分（干基）= \frac{m_1 - m_2}{m_2 - m_0} \times 100\%$$

式中：m_0——烘干空铝盒质量，单位为"g"；

m_1——烘干前铝盒及土样质量，单位为"g"；

m_2——烘干后铝盒及土样质量，单位为"g"。

2. 平行测定的结果用算术平均值表示，保留小数后一位。

3. 平行测定结果的相差，水分小于5%的风干土样不得超过0.2%，水分为5%~25%的潮湿土样不得超过0.3%，水分大于15%的大粒（粒径约10 mm）黏重潮湿土样不得超过0.7%（相当于平行测定结果误差不超过5%）。

实训三　种苗移栽

一、目的

1. 掌握移栽技术：使学生了解并掌握设施辣椒种苗移栽的全过程，包括移栽前的准备、移栽操作、移栽后的管理等关键步骤。

2. 提高动手能力：通过实际操作，提高学生的动手能力和实践能力，培养学生细致、耐心的学习态度。

3. 培养综合素质：在移栽过程中，培养学生的观察力、分析能力和解决问题的能力，同时增强团队合作意识和环保意识。

二、内容

（一）移栽前的准备

地块选择：选择地势高、排水良好、土壤肥沃且光照充足的地块，避免连作以减少病虫害的发生。

土壤处理：对土壤进行深翻晾晒，以杀死土壤中的病菌和害虫。同时，可加入适量的腐熟有机肥，提高土壤肥力。

种苗筛选：选择生长健壮、无病虫害的辣椒种苗进行移栽。对种苗进行适当的修剪，去除多余的枝叶，以减少移栽后的蒸腾作用。

挖移栽穴：在选好的地块上按照适当的株行距挖好移栽穴，穴的大小应根据种苗的大小来确定，一般穴深 10~15 cm，直径 10 cm 左右。

（二）移栽操作

移栽时间：选择阴天或晴天的傍晚进行移栽，避免阳光直射导致种苗失水过多。

移栽方法：轻轻挖出种苗，尽量保留根系周围的土壤，减少对根系的损伤。将种苗放入移栽穴中，然后用土填实，保持根系自然舒展，避免弯曲或折叠。同时，确保种苗的茎部与地面呈一定角度，以便于后续的生长。

（三）移栽后的管理

浇水：移栽后应立即浇透水，以确保土壤与种苗的根系紧密结合。之后应定期浇水，保持土壤湿润，但要避免过度浇水导致土壤板结或种苗徒长。

遮阴：移栽初期可适当遮阴，避免阳光直射导致种苗叶片枯萎。

除草施肥：及时除草以减少杂草与辣椒种苗争夺养分和光照。根据种苗的生长情况合理施肥，幼苗生长期间以氮肥为主，促进植株生长；开花结果期则以磷钾肥为主，以提高辣椒的产量和品质。

病虫害防治：移栽后辣椒种苗的抵抗力会降低，易受病虫害侵袭。因此，要加强病虫害防治工作，定期检查种苗的生长情况，发现病虫害要及时采取措施进行防治。

搭建支架：当辣椒植株长到一定高度时，应及时搭建支架以便植株攀爬生长，提高光合作用效率并减少病虫害的发生。

三、步骤

1. 准备阶段：完成地块选择、土壤处理、种苗筛选和移栽穴挖掘等准备工作。

2. 实施阶段：按照移栽操作要求进行种苗移栽，注意操作细节和要点。

3. 管理阶段：进行移栽后的浇水、遮阴、除草施肥、病虫害防治和搭建支架等管理工作。

4. 记录与观察：在实践过程中详细记录关键步骤和数据变化，观察种苗的生长情况和环境变化。

5. 总结与分析：实践结束后进行总结分析，撰写实践报告，分析实践过程中的得失并提出改进意见。

实训四　种苗灌溉

一、目的

1. 掌握灌溉原理：使学生理解灌溉的基本原理，包括水分对辣椒生长的重要性、不同生长阶段的水分需求等。

2. 学会灌溉技术：学生通过实际操作，掌握设施辣椒栽培中的灌溉技术，包括灌溉方式的选择、灌溉量的控制、灌溉时间的安排等。

3. 提高节水意识：在灌溉过程中，培养学生的节水意识，了解水资源的重要性，学会合理利用水资源。

二、内容

（一）灌溉原理学习

水分对辣椒生长的重要性：水分是辣椒生长不可或缺的因素之一，对辣椒的生长发育、产量和品质都有重要影响。

辣椒生长阶段的水分需求：辣椒在不同生长阶段对水分的需求不同，如苗期需水量较少，结果期需水量较大。

（二）灌溉方式选择

滴灌：滴灌是一种高效节水的灌溉方式，通过滴头将水缓慢滴入土壤，使水分直接作用于辣椒根系周围，减少水分蒸发和浪费。

喷灌：喷灌适用于大面积栽培，通过喷头将水喷洒在空中形成细雨状，覆盖整个田面。但相比滴灌，其节水效果稍差。

沟灌：沟灌是传统灌溉方式之一，通过田间沟渠引水灌溉，容易造成土壤板结和水分浪费。

（三）灌溉量控制

根据土壤湿度判断：通过观察土壤湿度，判断是否需要灌溉以及灌溉量的多少。一般以保持土壤湿润但不积水为宜。

根据天气情况调整：在晴天和高温天气下，植株蒸腾作用强，需水量大，应适当增加灌溉量；在阴雨天气下，则应减少或停止灌溉。

（四）灌溉时间安排

避免高温时段：在高温时段灌溉容易导致水分迅速蒸发，降低灌溉效果。因此，应选择在早晨或傍晚进行灌溉。

遵循辣椒生长规律：根据辣椒的生长规律合理安排灌溉时间，如移栽后浇透定根水、缓苗期适当控水等。

（五）灌溉实践操作

实地操作：在教师的指导下，学生亲自操作灌溉设备，如开启滴灌系统、调整灌溉量等。

观察记录：在灌溉过程中观察辣椒的生长情况和水分吸收情况，并记录相关数据以便后续分析总结。

三、步骤

1. 理论学习：首先进行灌溉原理和相关知识的学习，理解水分对辣椒生长的重要性以及灌溉技术的基本原理。

2. 实地观察：组织学生到设施辣椒栽培基地进行实地观察，了解不同灌溉方式的应用情况和效果。

3. 制定方案：根据所学知识和实际情况制定灌溉方案，包括灌溉方式的选择、灌溉量的控制、灌溉时间的安排等。

4. 实践操作：在教师的指导下进行灌溉实践操作，注意操作细节和要点，确保灌溉效果良好。

5. 总结反思：实践结束后进行总结反思，分析实践过程中的得失并提出改进意见，以便在今后的农业生产实践中加以应用和改进。

四、注意事项

1. 安全第一：在进行灌溉实践操作时，应注意个人安全防护，避免发生意外事故。

2. 节水意识：在灌溉过程中要时刻树立节水意识，合理利用水资源，避免浪费。

3. 细心观察：在灌溉过程中要细心观察辣椒的生长情况和水分吸收情况，以便及时调整灌溉方案，确保辣椒生长良好。

实训五　设施辣椒追肥

一、目的

1. 理解追肥原理：使学生理解追肥在辣椒生长过程中的作用，包括补充土壤养分、满足辣椒不同生长阶段的需求等。

2. 掌握追肥技术：学生通过实际操作，掌握设施辣椒栽培中的追肥技术，包括肥料选择、施肥量确定、施肥时间安排以及施肥方法等。

3. 培养实践能力：提高学生的动手能力和实践能力，培养他们在农业生产中的实际操作技能。

二、内容

（一）追肥原理学习

肥料需求：辣椒生长过程中需要不断吸收各种营养元素，尤其是氮、磷、钾等大量元素以及钙、镁等中微量元素。

追肥作用：追肥可以及时补充土壤中的养分，满足辣椒不同生长阶段的需求，促进辣椒的生长和发育。

（二）肥料选择与准备

有机肥料：如腐熟的人粪尿、畜禽粪便、豆饼等，富含有机质和多种营养元素，对土壤有改良作用。

化学肥料：如尿素、磷酸二铵、硫酸钾等，养分含量高，肥效快，但长期使用可能对土壤造成不良影响。

生物肥料：如生物菌肥等，可以改善土壤微生态环境，促进辣椒生长。

（三）施肥量确定

根据土壤肥力：通过土壤检测，了解土壤肥力状况，确定合理的施肥量。

根据辣椒生长阶段：不同生长阶段对养分的需求不同，如苗期需氮肥较多，结果期需磷钾肥较多。

参考推荐用量：根据肥料包装上的推荐用量或农业技术部门的指导进行施肥。

（四）施肥时间安排

基肥与追肥相结合：在栽培前施足基肥的基础上，根据辣椒生长情况适时进行追肥。

关键生长期追肥：如定植后、开花前、结果期等关键生长期进行追肥。

避免高温时段：在高温时段追肥容易导致肥料挥发和烧根现象，应选择在早晨或傍晚进行。

（五）施肥方法

沟施或穴施：在辣椒行间或株间开沟或挖穴施肥后覆土浇水。

随水冲施：将肥料溶解在水中随灌溉水一起施入土壤。

叶面喷施：将肥料溶解在水中喷洒在辣椒叶片上通过叶片吸收养分。

（六）实际操作训练

实地操作：在教师的指导下学生亲自操作施肥设备如开沟器、施肥枪等进行追肥操作。

观察记录：在追肥过程中观察辣椒的生长情况和肥料吸收情况，并记录相关数据以便后续分析总结。

三、步骤

1. 理论学习：首先进行追肥原理和相关知识的学习，理解追肥在辣椒生长过程中的作用和重要性。

2. 肥料准备：根据土壤肥力和辣椒生长阶段选择合适的肥料并进行准备。

3. 施肥量确定：通过土壤检测和参考推荐用量确定合理的施肥量。

4. 施肥时间安排：根据辣椒生长情况和天气条件安排合理的施肥时间。

5. 实际操作：在教师的指导下进行追肥实际操作，注意操作细节和要点，确保施肥效果良好。

6. 观察记录：在追肥过程中观察辣椒的生长情况和肥料吸收情况，并记录相关数据。

7. 总结反思：实践结束后进行总结反思，分析实践过程中的得失并提出改进意见，以便在今后的农业生产实践中加以应用和改进。

四、注意事项

1. 安全第一：在进行追肥实践操作时应注意个人安全防护，避免发生意外事故。

2. 合理施肥：根据土壤肥力和辣椒生长阶段合理施肥，避免过量施肥导致土壤污染和辣椒生长不良。

3. 观察记录：在追肥过程中要细心观察辣椒的生长情况和肥料吸收情况，以便及时调整施肥方案，确保辣椒生长良好。

练习思考题

一、选择题

1. 主要作用为促进种子萌发，增加叶绿素生物合成，促进植物光合作用，提高植物糖含量，提高植物耐受非生物胁迫的能力，促进植物生长发育等的肥料为（　　）。

　　A. 磷肥　　　　　B. 氮肥　　　　　C. 钾肥　　　　　D. 氨基酸水溶肥

2. 研究数据显示，滴灌技术的节水效果非常显著，可达到（　　）。

　　A.40%~50%　　　B.40%~70%　　　C.30%~70%　　　D.30%~60%

3. 喷灌技术在大面积农田的灌溉需求中具有很高的实用性，其节水效果在（　　）。

　　A.40%~50%　　　B.40%~70%　　　C.30%~50%　　　D.30%~60%

4. 研究结果表明，微喷灌技术的节水效果在（　　）。

　　A.40%~50%　　　B.40%~70%　　　C.30%~50%　　　D.40%~60%

5. 穴施肥的方法有很多种，但最常用的方法是挖深种孔，把肥料和优质的土壤混合放入种孔中，一般施肥深度为（　　）cm。

　　A.3~5　　　　　B.5~15　　　　　C.5~10　　　　　D.10~15

二、填空

1. 设施辣椒生长阶段分_____和_____。

2. 常见的灌溉节水技术主要有_____、_____、_____。

3. 氮素能够增强作物的_____，增快茎叶部位的生长速度，尤其是叶片的生长。

4. 设施辣椒栽培中主要的追肥技术有_____、_____、_____。

5. 钾元素能够增强作物的细胞功能，提高作物的_____、_____、_____。

三、判断题

1. 辣椒生长后期由于天气逐渐变暖，气温升高，应及时打开通风口通风，为辣椒植株生长创造舒适的环境条件，为获得高产、稳产打下坚实的基础。（　　）

2. 辣椒的栽培过程中对水分的需求既不是很多也不是很少，需要适当的水分供应来满足其生长发育的需要。（　　）

3. 果实膨大期辣椒需水量不大，需适当减少浇水，避免过量浇水导致病害发生和品质降低。（　　）

4.适量喷施中微量元素肥能够增加植株的抗病能力，促进花粉管的生长和花粉的落粉，提高辣椒的产量和品质。（　　）

5.化学除草剂除草具有省工、省时、成本低等明显优势，使用方法得当，除草效果立竿见影。因此，化学除草无明显缺点。（　　）

四、思考题

1.简述水肥一体化的概念。

2.简述不同生长阶段设施辣椒的需水规律。

3.简述农业生产中防治杂草的意义。

模块五　设施辣椒病虫害防治

（10 学时，理论 4 学时、实训 4 学时）

项目一　病害防治

【学习目标】

1. 知识目标：了解农药分类、农药的合理使用和安全使用、各栽培区设施辣椒病害防治主推技术，掌握设施辣椒常见病害和生理性病害的症状、发病原因和发病时间，正确识别、诊断设施辣椒的病害类型。

2. 能力目标：能够对设施辣椒病害进行准确识别和诊断，具备判断病害种类和病情严重程度的能力；具备监测和管理设施辣椒病害的能力，及时调整防治策略。

3. 素质目标：使学生认识到设施辣椒病害对产量和品质的影响，提高设施辣椒病害防治的意识和积极性；培养学生遵循环保、绿色、可持续发展的理念，运用现代农业技术进行设施辣椒病害防治；引导学生关注农业生产中的实际问题，培养解决实际问题的能力，为我国设施辣椒栽培培养技术能手。

任务一　合理使用农药

一、病害防治原则

防治病害时，切实贯彻"预防为主，综合防治"的植保方针，坚持以"农业防治、物理防治、生物防治为主，化学防治为辅"的综合防治原则，采用各种有效的非化学防治手段，减少农药的使用量。

（一）农艺防治

选择抗病能力较强的品种。改善通风透光条件，高发病区适度增大株行距，增强通风透光能力，适度降低土壤湿度。加强田间管理，勤锄杂草，消除病菌中间寄主。

发现病株及时挖出销毁，减少病害传播。

（二）化学防治

只能使用绿色食品规定许可使用范围的药品，设施辣椒在果实采收前 15 d 和采摘期内不应使用任何化学农药，以确保产品符合绿色食用标准。

二、农药使用方法

农药使用方法因防治对象和农药的毒性、剂型等而异。如对为害植物地上部分的病害，针对不同防治对象选择药剂，采用喷雾法、涂抹法、撒滴法进行防治；为有效防治地下病害、土传与种传病害，以及线虫、杂草等有害生物，用土壤处理剂、包衣剂、颗粒剂、土壤熏蒸剂等，采用土壤处理法、浸种法、拌种法、种子包衣法、颗粒撒施法、熏蒸法进行防治。农药使用方法多种多样，使用最多的是喷雾法。

（一）喷雾法

喷雾法依赖于喷雾器械，根据辣椒栽培的面积和所需施药液量，选择适宜的喷雾器械进行作业。在实际操作中，喷雾法能够确保药液均匀覆盖在辣椒植株的叶片、茎干和果实上，从而有效地控制病虫害的蔓延。此外，喷雾法还具有操作简便、效率高的特点，可以大大减轻农民的劳动强度，提高防治效果。

（二）浸种法

将种子浸在一定浓度的药水分散液里（药液高出种子 10~15 cm）一定时间后将种子取出晾干，对药剂耐受力差的种子还应按要求用清水冲洗后再晾干。

（三）拌种法

用特定拌种设备将拌种药剂与种子按一定比例进行混合。拌种有干拌和湿拌两种，多用干拌法，种子拌好晾干后尽快播种。

（四）包衣法

用专用的包衣设备将种衣剂包覆在种子表面形成一层牢固的种衣，这是一种把防病、治虫、消毒、促长等功能融为一体的种子处理技术。

（五）土壤处理法

采用适宜的方法把农药施入土壤表面或表层中。

（六）熏蒸法

用气态农药或在常温下乳油气化的农药在密闭空间对农产品、土壤等进行熏蒸处理，熏蒸结束后通风散气，再进行农事操作。

（七）颗粒撒施法

将农药制成颗粒的形状直接撒入作物、土壤、水体中的施药方法。

（八）涂抹法

用内吸药剂涂抹在植物地上部分茎、秆局部的施药方法，有时加入黏着剂提高效果。

（九）撒滴法

将农药专用剂型甩撒或滴入水田、水体中的方法。

【课程资源】

合理使用农药

任务二 病害的识别与诊断

一、真菌性病害

辣椒真菌性病害包括多种不同的病害，每种病害都有其特定的病原菌和症状。以下是 5 种常见的辣椒真菌病害。

图 5-1　辣椒绵腐病

（一）辣椒绵腐病

1. 特征

辣椒绵腐病如图 5-1，是一种由瓜果腐霉菌引起的病害，可以在苗期和成株期发生，危害辣椒、番茄和茄子。

2. 防治措施

（1）选用抗耐病的品种。

（2）栽培措施。与非茄科蔬菜实行 2~3 年轮作，结合深耕，及时追肥，注意氮、磷、钾肥的合理搭配，增强树势；高垄栽培，雨后注意排水。

（3）药剂防治。发病初期可选用百菌清、己唑醇或吡唑醚菌酯药剂防治。

（二）辣椒白星病

图 5-2　辣椒白星病

1. 特征

辣椒白星病如图 5-2，由辣椒叶点霉引起，主要危害叶片。初期病斑圆形或近圆形，稍隆起，中央白色或灰白色，边缘呈深褐色小斑点，其上散生黑色小粒点。

2. 防治措施

（1）栽培抗病品种。

（2）栽培措施。增施有机肥及磷、钾肥，收获后及时清除病残体，集中烧毁。

（3）药剂防治。发病初期喷 75% 百菌清可湿性粉剂 600 倍液，或 77% 氢氧化铜可湿性粉剂 400~500 倍液，隔 10 d 喷 1 次，连续 2~3 次。采收前 7 d 停药。

（三）辣椒炭疽病

1. 特征

辣椒炭疽病如图 5-3，主要影响果实。初期出现褐色凹陷病斑，斑面有橙红色小点，天气潮湿时病部出现淡粉红色的粒状黏稠物；叶片染病时，老叶片上产生褐色病斑和黑色小粒点，严重时导致落叶。

图 5-3　辣椒炭疽病

2. 防治措施

（1）栽培抗病品种。

（2）种子消毒。可用 55 ℃温水浸种 15 min 进行种子处理，再放入冷水中冷却后催芽播种。也可先将种子在冷水中浸 10~12 h，再用 1% 硫酸铜浸种 5 min，或用 50% 多菌灵可湿性粉剂 500 倍液浸 1 h，捞出后用草木灰或少量石灰中和酸性，再进行播种。

（3）整地施肥。移栽前深翻土壤，施足优质有机基肥，配施磷钾肥和钙肥；起高垄，栽培时便于浇灌和排水，降低畦面湿度。

（4）加强栽培管理。合理密植，高湿高温地区要适当稀疏。避免连作，发病严重地区应与葱蒜类蔬菜或禾本科作物轮作 2~3 年。辣椒追肥应适当增加磷钾肥的使用，结合防病配施钙肥，可促使植株生长健壮，提高抗病力，减少日灼病引起的炭疽病；低湿地栽培要做好开沟排水工作，防止田间积水，以减轻发病。要及时采果，辣椒炭疽病菌为弱寄生菌，成熟后衰老、受伤的果实易发病，及时采果可避免染病。

（5）设施内部清洁。及时清洁栽培辣椒的设施大棚内部枯枝和垃圾，能有效减少炭疽病的发生。

（6）药剂防治。炭疽病常伴随湿腐病的发生，在防治炭疽病的同时另外再加一些防治辣椒湿腐病和疫病的药物一起进行防治，要混合交替使用。辣椒炭疽病的药物较多，可到当地农资门市选购，依据药物说明使用。

（四）辣椒疫病

1. 特征

辣椒疫病如图 5-4，由辣椒疫霉菌引起。可在苗期和成株期发生，以成株期为主，表现为茎和果梗的凹陷褐色病斑，干燥时表皮易破裂。

图 5-4　辣椒疫病

2. 防治措施

（1）选用抗耐疫病的新品种。

（2）栽培措施。与非茄科蔬菜实行 2~3 年轮作，结合深耕；定植以后注意中耕松土，促进根系发育；及时追肥，注意氮、磷、钾肥的合理搭配；高垄栽培，雨后注意排水。

（3）种子处理，用 1% 福尔马林浸种 30 min，药剂以浸没种子 5~10 cm 为宜，捞出洗净后催芽播种。或用 66.5% 霜霉威水剂 600 倍液浸种 12 h，冲净后催芽。

（4）药剂防治。发病初期可喷施嘧菌酯或甲霜·锰锌、霜霉威、磷铝、百菌清、噁霜·锰锌等，施药后 6 h 内遇降雨应重新喷施。棚室内用 45% 百菌清烟剂，每公顷用药 2 kg。此外，雨季来临前，畦面可喷撒 96% 硫酸铜粉，每公顷用 45 kg 后浇水，防效显著。

（五）辣椒灰霉病

1. 特征

辣椒灰霉病如图 5-5，由灰葡萄孢引起，危害花、果、叶、茎。初期病斑呈软化水浸状，后变为褐色。

2. 防治措施

（1）选用抗耐病的品种。

图 5-5　辣椒灰霉病

（2）栽培措施。与非茄科蔬菜实行 2~3 年轮作，结合深耕，及时追肥，注意氮、磷、钾肥的合理搭配，增强树势；高垄栽培，雨后注意排水。

（3）药剂防治。喷雾药剂可选用 50% 啶酰菌胺水分散粒剂 800 倍液、50% 腐霉利可湿性粉剂 2 000 倍液、50% 异菌脲可湿性粉剂 1 500 倍液、70% 甲基硫菌灵可湿性粉剂 1 000 倍液。

此外，还有辣椒立枯病、辣椒猝倒病、辣椒白绢病等多种病害。这些病害的发生与气候条件、土壤状况、栽培密度等因素有关，可以通过合理的农业管理措施进行预防和控制，如保持土壤良好通气和排水、合理施肥、及时灭菌、规范栽培方式以及加强管理等。

二、辣椒细菌性病害

（一）辣椒常见细菌性病害种类和特征

常见细菌性病害有辣椒疮痂病、青枯病、辣椒细菌性叶斑病、辣椒软腐病。

1. 辣椒疮痂病

如图 5-6，是一种常见的病害，其危害性仅次于辣椒炭疽病，主要侵害叶片、果实和茎脉。疮痂病的病菌侵入到组织后并不马上发病，有一个潜育期，适温下叶片上的潜育期为 3~5 d，果实上的潜育期为 5~6 d。疮痂病在 5~40 ℃条件下均可发病，但最适宜的温度是 27~30 ℃。在适宜的温度下，发病需要有两个重要条件：一是大量的伤口；二是充足的雨水。

图 5-6　辣椒疮痂病

2. 辣椒青枯病

如图 5-7，多在辣椒开花期间发生。发病初期植株顶部叶片开始萎蔫，中午前后极为明显，傍晚至天明和阴雨天顶部叶片恢复正常，反复多日后，田间病株增多，萎蔫逐渐加剧，叶片萎蔫自上而下蔓延，造成全株萎蔫。叶片变黄不及枯萎病严重（有别于枯萎病），从发病至整株死亡一般为 5~7 d，雨天多时延长全 10 d 左右。病茎维管束变褐色，如将病重的植株病茎作横切面检查，略加挤压，有乳白色菌液溢出（即菌脓），病株茎下部常有不定根出现。

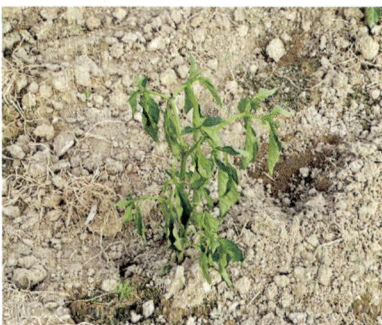

图 5-7　辣椒青枯病

3. 辣椒细菌性叶斑病

如图 5-8，在田间点片发生，主要危害叶片。成株叶片发病，初呈黄绿色不规则水浸状小斑点，扩大后变为红褐色或深褐色至铁锈色,病斑膜质，大小不等。干燥时，病斑多呈红褐色。该病扩展速度很快，一株上个别叶片或多数叶片发病，植株仍可生长，严重时叶片大部脱落。细菌性叶斑病病健交界处明显，但不隆起，有别于疮痂病。

图 5-8　辣椒细菌性叶斑病

4. 辣椒软腐病

如图 5-9，主要危害果实。病果初生呈水浸状暗绿色斑，后变褐软腐，恶臭，内部果肉腐烂，果皮变白，整个果实失水后干枯，易脱落。发病原因主要通过灌溉水或雨水飞溅使病菌从伤口侵

图 5-9　辣椒软腐病

入，又可通过烟青虫及风雨传播。田间低洼易涝、钻蛀性害虫多或连阴雨天气多、湿度大时易流行。

（二）防治措施

（1）与非十字花科和茄果类蔬菜实行 2~3 年的轮作。

（2）播种前进行种子消毒。

（3）发病初期或灌溉过后及时喷药保护。

（4）化学药剂防治。

用优胜（荧光假单孢杆菌）兑水 1 500~2 000 倍喷雾或 20% 噻菌铜悬浮剂兑水 600 倍喷雾；20% 叶枯唑可湿性粉剂兑水 500 倍喷洒；88% 新植霉素可湿性粉剂兑 1 000 倍水喷洒；3% 中生菌素可湿性粉剂兑 1 000 倍水混合 77% 氢氧化铜可湿性粉剂兑 600 倍水喷洒；58.1% 氢氧化铜可湿性粉剂兑 1 000 倍水混合 20% 叶枯唑可湿性粉剂兑 600 倍水喷洒。

三、病毒病

（一）辣椒常见病毒性病害种类和特征

受多种病害侵袭，其中病毒病最为种植者所困扰。此病不易发现，病症开始不明显，一旦出现症状，且无药可治，给辣椒生产带来严重损失。辣椒病毒病主要有花叶型、畸形型、黄化型和坏死 4 种类型。

1. 花叶型病毒病

症状在辣椒苗期可见，病叶出现浓绿相间的花叶斑，叶脉皱缩畸形，叶面凹凸，叶片常常上卷严重时呈桶状，如图 5-10。果实期果实变小无法形成正常果实。

图 5-10　辣椒花叶型病毒病

2. 黄化型病毒病

如图 5-11，症状为叶片变黄，严重时整个叶片均变成黄色，无法进行光合作用，植株矮化无法正常生长。

3. 坏死型病毒病

如图 5-12，病株生长点出现褪绿斑点，数日后延致叶脉出现坏死，植株变褐色或黑褐色并出现坏死斑，叶片后期脱落。有时症状在同一株上

图 5-11　黄化型病毒病

图 5-12　辣椒坏死型病毒病

图 5-13　辣椒畸形型病毒病

表现，并出现落叶、满花、落果。

4. 畸形型病毒病

如图 5-13，病毒病发生初期叶脉褪绿，叶片皱缩上卷，后期叶片增厚，叶片有时出现线状条斑，植株上部节间缩短呈丛簇状，重病果果面有绿色不匀的花斑和疣状突起。

（二）防治措施

（1）选用抗病品种辣椒比甜椒抗病，早熟品种比晚熟品种抗病，可根据实际情况选择适合当地栽培的抗病早熟品种。

（2）加强栽培管理。适时播种，种子用 10% 磷酸三钠溶液浸泡 20~30 min 后洗净催芽，在分苗定植前和花期分别喷洒 0.1%~0.2% 硫酸锌溶液。培育株型矮壮的秧苗，利用设施栽培，早定植促早结果，待病毒病盛发期时，辣椒已花果满枝，植株健壮且根系发达，有较强的抗病力。同时，还应实行轮作和间套作，施足基肥，勤浇水，在采收期注意保肥保水等措施。

（3）防治蚜虫，减少病毒传播。选择周围栽培高秆植物的地块，并用银灰色薄膜、纱窗或普通农用薄膜涂上银灰色油漆，平铺畦面周围以避蚜虫。每亩地插 6~8 块黄板诱杀成虫。用 50% 抗蚜威可湿性粉剂 4 000 倍液，或 2.5% 溴氧菊酯乳油 5 000 倍液喷洒防治。

（4）发病后可选用 20% 吗呱·乙酸铜可湿性粉剂 500 倍液，或 1.5% 烷醇·硫酸铜乳油 1 000 倍液，或铜氨合剂 400 倍液 +0.1% 硫酸锌溶液喷雾防治，隔 7~10 d 喷 1 次，连喷 2~3 次。也可使用植物增抗剂如香菇多糖、氨基寡糖素、低聚糖素等，增强植株抵抗能力。

【课程资源】

病害的识别与诊断

项目二　设施辣椒虫害防治

【学习目标】

1. 知识目标：了解农药分类、农药的合理使用和安全使用、各种设施辣椒虫害防治主推技术、危害症状及发病原因，掌握设施辣椒不同虫害症状、发病原因和发病时间，正确识别、诊断设施辣椒虫害。

2. 能力目标：熟练运用农业防治方法、生物防治方法和化学防治方法对设施辣椒虫害进行防治，具备对设施辣椒进行诊断和监测的能力，熟悉农药的种类、性质、作用和适用范围，以便为虫害防治提供科学依据。

3. 素质目标：培养学生具备良好的农业环保意识，掌握绿色、低碳、安全的农业生产技术，提高学生的综合素质，使其能够独立解决设施辣椒虫害问题，提高设施辣椒产量和质量。

任务一　合理使用虫害农药

一、虫害农药分类

按原料来源，虫害农药可分为化学合成杀虫剂、生物源杀虫剂和矿物源杀虫剂三大类。

（一）化学合成杀虫剂

化学合成杀虫剂是指通过人工合成的方法制成的有机化合物杀虫剂，是农药使用最主要的一类杀虫剂，其化学结构非常复杂，品种多，生产量大，应用范围广、用途广，效果好，发展快。这一类杀虫剂按照化学组成的不同又可分为4种。有机磷杀虫剂的分子中都含有磷元素，如丙溴磷、辛硫磷等。有机氯杀虫剂的分子中都含有氯元素，如灭蚁乐、毒杀芬（国内已停止生产）等。有机氮杀虫剂的分子中都含有氮元素，如西维因、叶蝉散、螟岭畏等。拟除虫菊酯类杀虫剂是人工合成的类似天然除虫菊酯的化合物，是一类当前发展最快的杀虫剂，如杀灭菊酯、溴氰菊酯等。

（二）生物源杀虫剂

生物源杀虫剂是指利用天然生物资源（如植物、动物、微生物）开发的一类杀虫剂。由于来源不同，可分为微生物杀虫剂、动物源杀虫剂和植物源杀虫剂，具有取材方便，成本低廉、控制期长，高效、经济、安全、无污染、与环境高度相容等特点，是当前无公害和绿色蔬菜生产的最佳农药选择。

1. 微生物杀虫剂

微生物杀虫剂种类很多，已发现的有 2 000 多种，按照微生物的分类可分为细菌、真菌、病毒、原生动物和线虫等杀虫剂。国内研究开发应用并形成商品化产品的主要有细菌类杀虫剂、真菌类杀虫剂、病毒类杀虫剂和抗生素类杀虫剂，包括农用抗生素和活体微生物。农用抗生素类杀虫剂是由抗生菌发酵产生的，具有农药功能的代谢产物，如多抗霉素、浏阳霉素、阿维菌素等。活体微生物类杀虫剂是指有害生物的病原微生物活体，如白僵菌、苏云金杆菌、核型多角体病毒、鲁保 1 号等。微生物杀虫剂一般对植物无药害，对环境影响小，有害生物不易产生抗药性。

2. 植物源杀虫剂

植物源杀虫剂还包括转基因植物体，主要指转基因抗有害生物或抗除草剂的作物，如我国已经大面积推广应用的抗虫棉等。随着生物技术的不断发展，转基因抗虫园林植物将会被广泛应用。

3. 动物源杀虫剂

动物源杀虫剂主要分 4 大类：①动物产生的毒素，它们对害虫有毒杀作用，如海洋动物沙蚕产生的沙蚕毒素是最典型的动物毒素，已成为杀虫剂的一大类型；②由昆虫产生的激素，包括脑激素、保幼激素、蜕皮激素等，具有调节昆虫生长发育的功能；③昆虫信息素又称昆虫外激素，包括性信息素、产卵忌避素、报警激素等，具有引诱、刺激、抑制、控制昆虫摄食或交配产卵等功能；④动物体杀虫剂，包括各种商品化的天敌昆虫、捕食螨及采用物理或生物技术改造的昆虫等，如赤眼蜂、蚜茧蜂、丽蚜小蜂等多种天敌昆虫。目前天敌昆虫研究及应用已取得很大进展。

（三）矿物源杀虫剂

矿物源杀虫剂是以天然矿物原料为主要成分的无机化合物加工制成，包括砷化物、硫化物、铜化物、磷化物以及石油乳剂等，为杀虫剂发展初期的主要品种。随着化学合成农药的发展，矿物源杀虫剂的用量逐渐下降，其中有些品种如砷酸铅、砷酸钙等已停止使用。

矿物源杀虫剂均起源于自然界，一般毒性很低或无毒，大多数产品在绿色食品生产中使用不受次数、剂量的限制，其选用的原则也是根据虫害的种类、发生时期和结合每种药剂防治对象合理使用。喷药质量和气候条件对药效和药害的影响较大。

二、常用虫害农药的剂型

常用的虫害农药都是用原药经过加工制成的各种制剂。因其加工的工艺不同制出的剂型不同，因而稀释、使用的方法也不同。

（一）可湿性粉剂

可湿性粉剂的组成为原药、载体（陶土）、表面活性剂（湿润剂）和辅助剂（稳定剂）经粉碎而成，主要用于滞留喷洒。

（二）乳油

乳油与水乳剂将原药按一定比例溶于一定量的溶剂（或水）中加入一定的乳化剂经搅拌成均匀透明油状液体，多用于空间和滞留喷洒。

（三）悬浮剂

将固体原药加表面活性剂及少量溶剂，采用利湿法进行超微粉碎制成黏稠可流动的悬浮体。悬浮剂是一种新型的滞留杀虫剂，比同类可湿性粉剂在使用、效果等方面均具优越性。

（四）油剂

将杀虫剂有效成分直接溶于煤油（脱臭煤油、航空煤油、柴油等）制成的一种剂型现用的油剂，多装罐制成气雾剂或用于热烟雾发生机的专用油剂。

其他不需稀释配制、直接使用的剂型还有烟剂（灭虫片、灭蚊片、蚊香）、气雾剂、毒饵、电热固体（液体）蚊香等。

三、虫害防治原则

（1）以保持和优化农业生态系统为基础，建立有利于各类天敌繁衍和不利于虫草害孳生的环境条件，提高生物多样性，维持农业生态系统的平衡。

（2）优先采用农业措施，如选用抗病虫品种、实施种子种苗检疫、培育壮苗、加强栽培管理、中耕除草、耕翻晒土、清洁田园、轮作倒茬、间作套种等。

（3）尽量利用物理和生物措施，如温汤浸种控制种传病虫害，机械捕捉害虫，机械或人工除草，用灯光、色板、性诱剂和食物诱杀害虫，释放害虫天敌和稻田养鸭控制害虫等。

（4）必要时合理使用低风险农药，如没有足够有效的农业、物理和生物措施，在确保人员、产品和环境安全的前提下，按照规定配合使用农药。

【课程资源】

合理使用虫害农药

任务二　虫害的类型和防治措施

设施辣椒的主要虫害有棉铃虫、蚜虫、甜菜夜蛾、烟青虫和地下害虫等。设施辣椒以椒果为主要产出，是群众日常生活中的常见蔬菜，在虫害防治过程中要禁止使用残留较高的有机氯农药和剧毒农药，在椒果采摘前 10 d 禁止喷施农药。

一、地上害虫

（一）地上害虫的种类与危害性

1. 棉铃虫

棉铃虫是辣椒生长期间最常遇到的虫害之一，不仅会影响辣椒的生长，同时也会影响到其他茄果类蔬菜。棉铃虫主要以幼虫蛀食辣椒的花蕾、花朵、果实为主，也会残害辣椒的叶子、嫩茎和嫩芽，被啃食后的花蕾会呈现黄绿色，并在被啃食后 2~3 d 自然脱落。棉铃虫的幼虫还会啃食辣椒的果实，虽然并不会造成果实立刻脱落，但是会因为棉铃虫啃食果实的蒂部，雨水或病菌进入到果实内部，从而导致果实烂掉或掉落，严重影响辣椒的品质和产量。

2. 蚜虫

蚜虫不仅是辣椒生长期间最常见的虫害，也是对大多数蔬菜影响最大的虫害。受到蚜虫的影响，辣椒的叶子和嫩梢上会出现节间变短、弯曲，叶子畸形卷缩，整棵植株长势减弱、矮小等症状，不仅会导致辣椒的产量下降，蚜虫还会传播其他病毒，导致辣椒病害发生。

3. 甜菜夜蛾

甜菜夜蛾以低龄幼虫蚕食辣椒叶片，初期主要啃食心叶，随后扩散至其他叶片。甜菜夜蛾虽然主要以蚕食辣椒的叶片为生，但是被甜菜夜蛾蚕食后的叶片，不仅容易感染病害，还会影响叶片产生光合作用产物，从而影响辣椒果实的膨大。

4. 烟青虫

烟青虫主要蚕食辣椒的花蕾、花朵和果实，被蚕食的花蕾、花朵和果实会腐烂脱落，大大降低辣椒的产量。受到烟青虫危害严重的地块，损失率会高达 30%~80%。

（二）防治措施

1. 棉铃虫

棉铃虫的虫卵会潜伏在土壤中越冬，等到第二年气温回升后，幼虫便会从土壤中爬出来侵害蔬菜。所以在栽培辣椒时，应该避免和其他茄果类蔬菜轮作栽培，并且在栽培前深翻土壤并在太阳下晾晒 2~3 d，可消灭一部分棉铃虫虫卵。在辣椒生长期间，可根据虫情测报，将棉铃虫产卵较多的枝条配合整枝时剪掉，并将虫卵带出菜园后烧毁。在棉铃虫成虫产卵高峰期，可喷洒核型多角体病毒、bt 乳剂等药物消灭棉铃虫成虫。辣椒果实膨大期是棉铃虫危害最为严重的时期，在辣椒进入到果实膨大期后，可使用 2.5% 功夫乳油 5 000 倍液或 20% 多灭威可湿性粉剂 2 000 倍液喷杀，每隔 7~10 d 喷杀 1 次，连续喷杀 3~4 次，可有效杀死棉铃虫。此外，除化学药物防治外，还可以利用棉铃虫的趋光性，使用黑光灯来诱杀成虫。

2. 蚜虫

蚜虫除了会危害辣椒，也会影响到其他杂草的生长，所以为了减少蚜虫的虫源，要及时将辣椒菜地中和菜地附近的杂草清理干净，减少蚜虫虫源。在蚜虫初发期，可使用国产 50% 抗蚜威或者是英国产的辟蚜雾 50% 可湿性粉剂 2 000~3 000 倍液喷杀消灭蚜虫。因为蚜虫主要侵蚀辣椒的心叶或叶背的褶皱处，所以在使用喷杀蚜虫药物时，一定要将药物准确地喷洒在辣椒的心叶和叶背的褶皱处，从而达到预期的效果。为了防止蚜虫的发生，在栽培辣椒时，还可以使用银灰色地膜，防止翅蚜潜入辣椒田中，危害植株。

3. 甜菜夜蛾

在栽培辣椒时，应将甜菜夜蛾危害严重的地块进行深翻，并在太阳下晾晒几日，可有效消灭潜伏在土壤中的越冬虫卵。甜菜夜蛾的抗药性很强，所以在使用药物时，不能单独只使用一种，这样会导致甜菜夜蛾产生抗药性。在甜菜夜蛾的幼虫危害初期，可使用 40% 菊马乳油 2 000~3 000 倍液或 40% 菊杀乳油 2 000 倍液、10% 天王星乳油 8 000~10 000 倍液、20% 灭扫利乳油 2 000~3 000 倍液等药物进行喷洒，每隔 7~10 d 喷杀 1 次，连续喷杀 2~3 次，可有效杀死甜菜夜蛾。

4. 烟青虫

烟青虫的虫卵会潜伏在土壤中越冬，所以在秋季辣椒收获后，可深翻土壤，使烟青虫虫卵暴露，破坏其越冬环境，有效减少第二年烟青虫的发生。烟青虫在蚕食辣椒果实后会在果实表面形成蛀食后的圆洞，在发现被蛀食的果实后，可将被蛀食的果实摘掉带出果园销毁，以免烟青虫继续蚕食其他健康果实。对于烟青虫，可使用灭杀毙 6 000 倍液、2.5% 功夫乳油 5 000 倍液或 2.5% 天王星乳油 3 000 倍液等药物进行喷杀防治。

二、地下害虫

（一）地下害虫的种类及危害性

设施辣椒主要防治的地下害虫有地老虎、蛴螬、蝼蛄，如图 5-14，它们啃食辣椒的茎叶或根部，导致辣椒无法吸收水分而枯死。这些害虫一般是在地下较深的地方越冬，喜欢温暖潮湿的环境，在设施大棚温暖潮湿的土壤中危害更加严重。

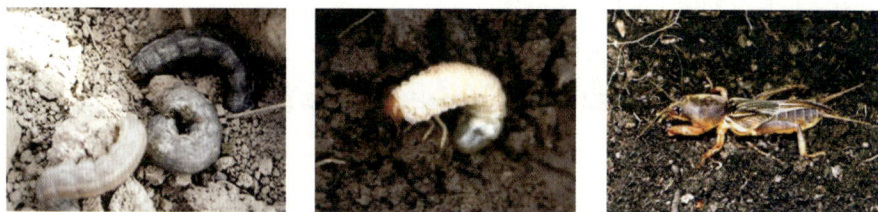

图 5-14　地下害虫

（二）防治措施

（1）深翻土壤和药物相结合。在发病较重的地块，用 5% 敌百虫可湿性粉剂 2 kg，或 5% 甲萘威可湿性粉剂 2 kg，均匀地洒在土壤表面然后深翻，就可以很好地防治地下害虫。

（2）灌根。对于已经栽种的辣椒地块，可采取灌根的办法来防治。可用 50% 辛硫磷乳油 1 000 倍液，或 10% 吡虫啉可湿性粉剂 1 000 倍液直接灌根，可以直接消灭地下害虫。

【课程资源】

虫害的类型和防治措施

项目三 实训

【学习目标】

1. 知识目标：能掌握设施辣椒病虫害防治的基本知识，包括农业防治方法和化学防治方法，能操作农药的稀释配制技术、病虫害防治技术。

2. 能力目标：提高学生药剂防治设施辣椒病虫害的技能，掌握常规的设施辣椒棚内管理技术，以保证设施辣椒的安全用药。让学生将理论知识运用到实际中，提高学生的动手能力和解决问题的能力。

3. 素质目标：学习病虫害防治专用药剂调配技术，使学生认识到农业技术的重要性，增强对农业的热爱和尊重。提高学生对水资源的环保意识，培养学生珍惜和合理利用水资源的良好习惯。

实训一 农药稀释技术

一、农药有效浓度的稀释方法

农药中的可湿性粉剂、乳油、水性乳剂、悬浮剂等制剂通常需加水稀释后使用。无论采用何种器械喷洒，用药浓度与用药量的精准把控至关重要，这是确保达到理想杀灭效果的关键。而要想取得理想效果，必须保证喷洒表面获取足够的有效剂量。有效剂量以毫克/平方米（mg/m^2）表示。

（一）有效剂量的计算

【例1】用2.5%（W/V）的高效氯氰菊酯稀释1 000倍后按 100 mL/m^2 喷洒，计算每平方米有效剂量是多少？

解：先计算 1 mL 药物的有效剂量

2.5% = 2.5 g/100 mL = 2500 mg/100 mL = 25 mg/mL

25 mg/mL ÷ 1000 × 100 mL/m^2 = 2.5 mg/m^2

答：有效剂量为 2.5 mg/m^2。

（二）药物使用量的计算

【例2】用5%（W/V）杀飞克悬浮剂 50 mg/m^2，根据喷洒对象表面的吸水情况采用 50 mL/m^2 喷洒，怎样进行稀释？ 1 L 药物能喷多大面积？

解：①由已知条件可得：50 mg/m² 喷 50 mL/m²

即为 0.05 g/50 mL = 0.1%（稀释液浓度）

所以 5% ÷ 0.1% = 50（倍）

②1 L 5%的药物有效剂量为：

50 mg/mL × 1000 mL = 50 000 mg

所以 50000 mg ÷ 50 mg/m² = 1000 m²

答：将药物以 1∶50 倍稀释，1 L 药物可喷 1 000 m²。

（三）用查表法计算用药量

所有杀虫剂在使用说明书上都标明了推荐使用的稀释倍数，现场使用过程中可直接查表得出加药量，然后用水稀释摇匀即可，见表 5-1。

表 5-1　用药量对照表

加水至药液总量（L）	不同稀释比例的用药量（g 或 mL）							
	1∶10	1∶20	1∶25	1∶50	1∶100	1∶200	1∶250	1∶500
1.0	100	50	40	20	10	5	4	2
2.0	200	100	80	40	20	10	8	4
3.0	300	150	120	60	30	15	12	6
4.0	400	200	160	80	40	20	16	8
5.0	500	250	200	100	50	25	20	10
6.0	600	300	240	120	60	30	24	12
7.0	700	350	280	140	70	35	28	14
8.0	800	400	320	160	80	40	32	16
9.0	900	450	360	180	90	45	36	18
10.0	1 000	500	400	200	100	50	40	20

【例 3】用 10% 苯醚甲环唑可湿性粉剂按 1∶250 比例配制药液 8.0 L，问要加苯醚甲环唑多少克？

首先查表第一栏上方的 1∶250，再在左边第一纵栏查到 8 L，将两处延伸至交叉处的"32"，即苯醚甲环唑用量 32 g。

（四）不同剂型杀虫剂的稀释方法

可湿性粉剂的稀释：如例3，先在手动加压喷雾器（8 L）放入约2 L自来水，再放入已称量分装好的10%苯醚甲环唑可湿性粉剂32 g，用搅拌棒充分搅匀再加水稀释至刻度8 L摇匀即可。如在大容量机动喷雾器中稀释，先加入5~10 L水，再将应加入的药量投入药箱里用搅拌棒将药物充分搅匀，加水至所需刻度并充分摇匀后喷洒。可湿性粉剂直接喷施或撒布分散度不好时，需要用滑石粉或陶土粉稀释。可根据需要加入不同比例（5~10倍）的滑石粉混合后用100目筛网筛过即可。

乳油或水性乳剂的稀释：手动加压喷雾器的稀释过程同上。大型机动喷雾器的稀释先加入5~10 L水，再将应加入的药量投入药箱里，用搅拌棒将药物充分搅匀，或发动机器将喷杆插入药箱内利用喷药的推力进行搅拌，加水稀释至所需刻度然后再搅拌1~2 min即可。

二、农药的二次稀释方法

（1）选用带有容量刻度的医用盐水瓶或其他小型容器，将农药放置于瓶内，注入适量的水配成母液，对悬浮剂等黏性较重的药剂要将黏附在小包装上的药剂清洗下来，轻轻搅动使容器中药剂充分分散溶解，再用量杯计量使用。

（2）使用背负式喷雾器时，可以在药桶内直接进行二次稀释。先将喷雾器内加少量的水，再加入适量的药液，充分摇匀，然后再补足水混匀使用。

（3）用机动喷雾机具进行大面积施药时，可用较大一些的容器，如桶、缸等进行母液一级稀释。二级稀释时可放在喷雾器药桶内进行配制，混匀使用。

注：为了保证药液的稀释质量，配制母液的用水量应认真计算和仔细量取，不得随意多加或少用，否则都将直接影响防治效果。对于液体农药，一般在准备好的配药容器里先倒入1/3的清水，再将定量药剂慢慢倒入水中，然后加满水，用木棍等轻轻搅拌均匀后再使用。对于可湿性粉剂，采取两步配制法，即先用少量水配制成较为浓稠的母液，然后再按照液体农药的稀释方法进行配制。对于粉剂农药，主要是利用填充料进行稀释。先取填充料（草木灰、米糠等）将所需的粉剂农药混合并搅拌均匀，再反复添加，直到达到所需倍数。对于颗粒剂农药，利用适当的填充料与之混合，稀释时可采用干燥的软土或酸碱性一致的化肥作填充料，按一定的比例搅拌均匀即可。

实训二 病虫害的特征鉴别和防治措施

一、设施真菌性病害——辣椒炭疽病的特征鉴别及防治措施

（一）病害特征

辣椒炭疽病主要危害接近成熟的果实和叶片。果实染病后，最先出现湿润状、褐色椭圆形或不规则形状的病斑，患病部分会略微凹陷，斑面出现明显环纹状的橙红色小粒点，后转变为黑色小点，此为病菌的分生孢子盘。天气潮湿时溢出淡粉红色的粒状黏稠物，此为病菌的分生孢子团。天气干燥时，病部干缩变薄成纸状且易破裂。叶片染病后，受害初期病斑为点状淡绿色，后扩大为褐色接近圆形，病斑周围呈黄绿色晕圈，病斑直径约 1 mm。后期病斑中间常破裂，病叶早落。在雨后或湿润时，病斑上常产生粉红色分生孢子堆或黑色小点。

（二）分析发病原因

线辣椒的抗病性较甜辣椒弱，品种混杂、退化也是病害流行的重要原因。栽植密度大、灌水过多、肥料不足或偏施氮肥、排水不良、通风透光差、保护地内高温多湿，可以加快病害的流行。连年栽培，病原体积累快、基数高，一旦条件适宜，病害就会迅速扩展、蔓延。清除病叶、病果、残体不彻底，病菌通过风、雨不断向外传播，即使新茬，只要病原体存在、条件适宜即可造成病害暴发、流行。

（三）防治方法

1. 农业防治

步骤 1：品种选择。

选择优良品种：辣椒如早杂 2 号，中子粒，湘研 4 号、5 号、6 号，细线椒等；甜椒如鲁椒 1 号、茄椒 1 号、蒙椒 3 号、哈椒 2 号、鲁椒 3 号，苏椒 2 号、早丰 1 号、茄椒 1 号、皖椒 2 号、长丰、吉农方椒等。

步骤 2：消毒育种。

用 4% 农抗 120 瓜菜专用型 100 倍液浸种 12 h，捞出晾半干后直接播种。也可先用凉水预浸 1~2 h，然后用 55 ℃温水浸种 10 min 或用 50 ℃温水浸种 30 min，取出后用清水冲洗，冷却后催芽播种。也可用冷水浸种 10~12 h 后，再用 1% 硫酸铜溶液浸种 5 min，取出后加上适量消石灰或草木灰拌种，立即播种。或用 50% 多菌灵可湿性粉剂 500 倍液浸种 1 h，清水冲洗，催芽播种。

步骤 3：合理轮作。

与麦类、玉米等禾本科作物实行 2~3 年轮作倒茬，避免与瓜类、蔬菜连作，且要地势高、干燥、排灌方便、通风良好。

步骤 4：加强栽培管理。

定植前深翻土地，多施优质腐熟有机肥，增施磷、钾肥，提高植株抗病能力。根据品种特性、水肥条件，合理密植，避免栽植过密。采用高畦栽培、地膜覆盖，促进辣椒根系生长。棚室要及时通风排湿，避免高温高湿；雨后及时排水，防止地面积水，以保护根系。未盖地膜的，生长前期要多中耕，少浇水，以提高地温，增强植株抗性。夏季高温干旱，适宜傍晚浇水，降低地温。适时采收，及时清除病叶、病果及残株。

2.化学防治

步骤 1：摘除病叶病果。

发病初期摘除病叶病果，防止病害进一步传播。

步骤 2：喷施药剂。

选择喷施药剂，可喷 75% 百菌清可湿性粉剂 600 倍液，或 50% 施保功可湿性粉剂 1 500~2 500 倍液，或 57.6% 冠菌清干粒剂 1 000~1 200 倍液，或 68.75% 易保水分散性粒剂 1 000 倍液，或 50% 混杀硫悬浮剂 500 倍液，或 50% 多菌灵可湿性粉剂 500 倍液，或 70% 代森锰锌可湿性粉剂 500 倍液，或 40% 灭病威悬浮剂 500 倍液，或 70% 甲基托布津可湿性粉剂 800 倍液，或 1：1：200 波尔多液等，也可喷 2% 武夷菌素 200 倍液、80% 炭疽福美 800 倍液，每隔 7~10 d 喷 1 次，连喷 2~3 次。苗床严格用药，大田必须连续喷药，方可达到良好的防治效果。

步骤 3：合理稀释药剂。

例：现有一设施大棚发生辣椒炭疽病，采用 57.6% 冠菌清干粒剂进行防治，设施中辣椒栽培区面积为 666.6 m²，现用 57.6% 冠菌清干粒剂 1 000~1 200 倍液防治，计划采用人工便携式喷雾器喷施，具体研究配药及施用过程。

①明确药剂的包装规格为 30 g/ 袋；

②明确 666.6 m² 范围所使用的人工便携式喷雾器喷施容量为 15 L；

③明确需调配的 57.6% 冠菌清干粒剂 1 000~1 200 倍液；

④计算在 15 L 水中，配置 1 000 倍液的 57.6% 冠菌清干粒剂所需药量；

因为稀释倍数 = 稀释后药液体积 ÷ 原药剂体积，所以原药剂体积 = 稀释后药

液体积 ÷ 稀释倍数，即 15 000 mL ÷ 1 000=15 mL。又因 57.6% 冠菌清干粒剂密度近似水，所以 15 mL 该药剂质量约为 15 g；

⑤将 5 L 清水注入容器内，加入 15 g 药剂，经充分搅拌后再加入其余清水，搅拌均匀后倒入人工便携式喷雾器即可喷施；

⑥操作过程遵守一般农药安全使用规则。

步骤 4：喷施农药。

喷施农药过程中要做好个人防护，穿戴防护服、防护手套、防护鞋、防毒口罩（带有滤毒罐的）、防护镜等。如果没有防护品，不要光着腿脚、穿着短袖衣衫就去接触农药，要穿长袖长裤衣服、胶鞋，戴上橡胶手套和防毒口罩。皮肤容易暴露的地方，可以涂上一层肥皂沫，喷完药立即用流水冲洗也可以防护农药通过皮肤进入体内。

二、设施辣椒虫害的防治方法

（一）蚜虫

当辣椒嫩茎长至 15~20 cm 高时，需密切观察植株上是否有蚜虫，以便及早防治。其防治方法如下。

农业防治。加强肥水管理，培育壮苗；铲除田间以及周边杂草，收获后深翻整地，杀死一部分越冬卵。

天敌防治。充分利用和保护天敌以消灭蚜虫。蚜虫的天敌种类很多，主要分为捕食性和寄生性两类，捕食性的天敌主要有瓢虫、食蚜蝇、草蛉、小花蝽等；寄生性的天敌有蚜茧蜂、蚜小蜂等寄生性昆虫。在生产中对它们应注意保护并加以利用，使蚜虫的种群控制在不足以造成危害的数量之内。

植物源农药防治。植物源农药有效成分源于植物体，属于生物源农药，含多种抗虫活性的次生代谢产物，如生物碱类等。选用 10% 烟碱乳油 500~1 000 倍液，或 0.5% 藜芦碱性液剂 200~500 倍液，或 1% 苦参碱可溶性液剂，每亩 0.5~1.2 g 喷雾防治。

化学药剂防治。露地栽培可选用 50% 抗蚜威可湿粉剂 2 000~3 000 倍液，或 20% 吡虫啉可溶性液剂每亩 5~10 g，4.5% 高效氯氟菊酯乳油每亩 14.4~26.4 g 喷雾防治，7~10 d 喷 1 次，共 2~3 次；危害重时应 5~7 d 防治 1 次，连续数次，直到完全控制虫口密度。收获前 7 d 停止用药。

（二）蓟马

农业防治。早春清除田间杂草和残枝落叶，集中烧毁或深埋，消灭越冬成虫和若虫。勤浇水可消灭地下的若虫，勤除草可减轻危害。

物理防治。利用蓟马有趋蓝色的习性，在田间设置蓝小虫板诱杀成虫，黏板高度与作物持平。

化学防治。用药要在早晨露水未干时或傍晚时进行，药剂可选用 10% 吡虫啉可湿性粉剂 1 500~2 000 倍液，或啶虫脒 1 000 倍液加 2.5% 高效氯氟菊酯 1 500 倍液，每亩喷药液量不低于 30 kg。

（三）地下害虫

发现危害时，用 90% 晶体敌百虫 800 倍液、50% 辛硫磷乳油 1 000 倍液，浇灌在被害植株周围；或用 90% 晶体敌百虫 0.5 kg 兑水 10 kg，喷于 100 kg 切碎的鲜草或菜叶上，在傍晚洒于株间诱杀，第 2 d 早晨在鲜草或菜叶下面捕捉害虫。此法尤其对防治地老虎效果较好。

练习思考题

一、选择题

1. 下列不属于设施辣椒病害农艺栽培管理防治的措施是（　　）。

　　A. 选用抗病品种　　　　　　B. 轮作倒茬

　　C. 收获后及时清除病残体　　D. 施用抗生素类杀菌剂

2. 辣椒白星病在发病初期喷 75% 百菌清可湿性粉剂（　　）液进行防治。

　　A.200 倍　　　　　B.600 倍　　　　　C.1 000 倍　　　　　D.2 000 倍

3. 疮痂病在 5~40 ℃条件下均可发病，但最适宜的温度是（　　）。

　　A.20~25 ℃　　　　B.27~30 ℃　　　　C.20~30 ℃　　　　D.25~27 ℃

4. 在蚜虫初发期，可使用国产 50% 抗蚜威或者是英国产的辟蚜雾 50% 可湿性粉剂（　　）倍液来喷杀消灭蚜虫。。

　　A.2 000~3 000　　　B.500~1 000　　　C.1 000~2 000　　　D.4 000~5 000

5. 辣椒青枯病叶片变黄不及枯萎病严重（有别于枯萎病），从发病至整株死亡一般（　　）d，雨天多时延长至 10 d 左右。

　　A.5~7　　　　　　B.3~5　　　　　　C.2~3　　　　　　D.8~9

二、填空

1. 设施辣椒病害防治通常采用＿＿＿＿＿＿、＿＿＿＿＿＿。

2. 生产中设施辣椒的病害主要有＿＿＿＿＿＿、＿＿＿＿＿＿、＿＿＿＿＿＿三类。

3. 防治虫害农药可分为＿＿＿＿＿＿和＿＿＿＿＿＿、＿＿＿＿＿＿三大类。

4. 烟青虫主要以幼虫蚕食辣椒的＿＿＿＿＿＿、＿＿＿＿＿＿和＿＿＿＿＿＿为主，受到烟青虫危害严重的地块，大大降低了辣椒的产量。

5. 地下害虫的防治措施主要有＿＿＿＿＿＿、＿＿＿＿＿＿。

三、判断题

1. 防治病害时，切实贯彻"预防为主，综合防治"的植保方针，坚持以"农业防治、物理防治、生物防治为主，化学防治为辅"的综合防治原则，减少农药的使用量。（　　）

2. 辣椒真菌病害包括多种不同的病害，每种病害都有其特定的病原菌和症状。（　　）

3. 辣椒常见的细菌性病害有辣椒疮痂病、青枯病、辣椒细菌性叶斑病、辣椒软腐病。（　　）

4. 辣椒在栽培过程中病害较多，其中有一种病是病毒病，病症开始症状比较明显，发病前期通过药剂可以有效防治。（　　）

5. 农药中可湿性粉剂、乳油与水性乳剂、悬浮剂等制剂需加水稀释后才能使用，无论用哪种器械喷洒，只有用药浓度适中、用药量准确、才能达到理想的杀灭效果。（　　）

四、思考题

1. 简述设施辣椒病害的农艺栽培管理防治措施。

2. 简述虫害防治的原则。

3. 简述辣椒炭疽病的特征。

模块六　设施辣椒的生产管理

（9学时，理论4学时、实训8学时）

项目一　设施辣椒的采收管理

【学习目标】

1.知识目标：能掌握设施辣椒的收获及贮藏要求，能按照商品属性完成分拣要求，能操作辣椒的正确收获方式及贮藏技术。

2.能力目标：提高学生对设施辣椒采摘、分拣、贮藏技术的实际操作能力，使其能够独立完成设施辣椒的生产过程，确保产量和质量。

3.素质目标：通过学习设施辣椒采摘、分拣、贮藏技术，提高学生对农业产业的认知，同时，增强学员的社会责任感，积极参与农业技术推广和普及工作，使其成为推动农业现代化发展的中坚力量。

任务一　设施辣椒的采摘管理

一、设施辣椒的成熟特点

辣椒的果实成熟度分为技术成熟度和生理成熟度。技术成熟度指果实体积、重量达最大，果皮增厚，维生素含量最高，风味最佳，此时的果实习惯称为青椒。生理成熟度即果实老熟，种子发育充分，果皮变红，仍具食用价值。过分老熟后果皮变软，干燥后成为老干椒。

二、设施辣椒的采收时间

常规设施辣椒栽培以无限分枝型品种为主，椒果成熟时间不一致，下部椒果已转红，而上部仍处于开花状态，此类辣椒适宜分批收获。分批采摘不仅可以减少养分消耗，增加产量，而且还可以提前上市，增加收益。

设施大棚早熟辣椒 4 月中旬当辣椒达到商品属性后即可进行分批收获，一批收获结束后间隔 15~20 d 即可进行下一批收获。设施辣椒通常收获期较长，可以从 4 月中旬采摘到 9 月中旬。

三、采摘方法

（一）手工采摘

设施辣椒的采收以手工采摘为主，特别是无限分枝型高秆品种。在每批采摘过程中要防止人为损伤植株。采摘时用拇指和食指轻轻捏住椒果顶部，顺势轻轻向上提起，避免损伤植株，影响辣椒病害的防治和后续的产出。

（二）机械辅助

近年来，一些地区开始尝试使用采收机械来辅助设施辣椒的采收，但使用仍不普遍。机械辅助采收能够提高效率，降低人工成本，但对设施条件的要求严格，机械投入成本高，采摘过程中可能对植株造成一定损伤。

四、采收注意事项

（一）避免损伤

采收时要注意避免损伤植株、花朵和小的椒果，尤其是不能损伤花朵和花蕾。损伤花蕾不仅影响后期的结果和产量，还可能增加病害发生的可能。因此，采收时要小心操作，避免过度用力或使用锐利工具。

（二）分类采收

根据辣椒果型的大小和色泽特性，可以进行分类采收。对于果型整齐、色泽均匀的高品质辣椒可以区分采收，对于其他辣椒或品质稍差的可以归类采收，这样可以提高整体产量和质量。

五、辣椒椒果的分拣流程

（一）去除杂质

采收的辣椒椒果中可能混有杂质，如叶片、破损果、畸形果等需要去除，以确保产品质量。

（二）椒果分拣

按照椒果的长度、色泽、重量等进行分拣，以达到提高产品质量的目的。

（三）挑选优质产品

根据客户要求或产品标准，挑选出符合特定质量如长度、色泽、重量等标准的产品。

【课程资源】

设施辣椒的采摘管理

任务二　辣椒的储存和包装运输

一、辣椒椒果的冷库储存

设施辣椒栽培以鲜食菜用为目的，因此，良好的储存和包装运输对辣椒的品质影响较大。辣椒生长的季节性较强，上市比较集中，而旺季过后，供应量明显减少。可用冷库储存延长其供应期，对增加蔬菜的供应种类、满足市场需求具有重要意义。

（一）贮藏用辣椒品种的选择

辣椒的种类很多，其中甜椒、油椒耐贮，尖椒不耐贮，不同品种的耐藏性差异很大。作为贮藏或长途运输的辣椒在栽培或采购时，一定要注意品种的选择。一般以角质层厚、肉质厚、色深绿、皮坚光亮的晚熟品种较耐贮藏。近年来的研究表明：麻辣三道筋、辽椒 1 号、世界冠军、茄门椒、巴彦、12-2、牟农 1 号、二猪嘴、冀椒 1 号等品种耐藏性较好。由于各地栽培的品种差异较大，品种的更新换代速度较快，很难按品种的耐藏性和抗病性来选择贮藏品种。

（二）加强栽培管理和田间病虫害防治

采前因素对果实耐藏性、抗病性有很大影响。果实采收后的生理状态，包括耐藏性和抗病性，是在田间生长条件下形成的。果实的生育特性、田间气候、土壤条件和管理措施等，都会对果实的品质及贮藏特性产生直接或间接的影响。生长条件不仅影响果实的质量，影响耐藏性及抗病性，还会影响产品表面附着或潜伏的病原菌生长数量，这也是与贮藏有关的一个重要因素。

（三）选择适宜采收期

辣椒果实的成熟度与耐贮性有很重要的关系。长期贮藏应选用果实已充分膨大，营养物质积累较多，果肉厚而坚硬，果面有光泽尚未转红的绿熟果。色浅绿，手按觉得软的未熟果及开始转色或完全熟的果实均不宜长贮。已显现红色的果实，由于采后衰老很快，也不宜长期贮藏。

（四）采前停止灌水

采前 5~7 d 停止灌水，其耐贮性会大大提高。若采前大量灌水或遇到下雨，辣椒体内的水分和重量增加，但辣椒本身的干物质如糖、维生素、色素等物质没有增加，会导致采收后辣椒呼吸强度提高，水分消耗加快，易发生机械伤害。含水量高也易引起微生物侵染，容易腐烂，使贮藏过程中损耗增加。

（五）入贮前精选果实

辣椒采收时应选择充分膨大、果肉厚而坚硬、果面有光泽、健壮的绿熟果。剔除病、虫、伤果，因为这些果极易腐烂并会传染其他好果。采摘辣椒要用平头锋利的剪刀或刀片从离层处剪折果柄，离层以上再带一截辣椒秧效果会更好，紧靠离层下剪或出现散乱梗易引起腐烂。果梗由细变粗的半梗处抗病力较强，半梗或无梗会大大减轻由于果梗导致的果实腐烂。

（六）储存期间的作业管理

采收要卫生、精细，避免摔、砸、压、碰撞以及因扭摘用力造成的损伤。避免挑选过程中的指甲伤。装运中注意避免机械伤。采下后最好轻轻放入贮藏专用的周转木箱、塑料箱、纸箱，箱内衬纸或塑料袋，果与果摆放紧凑，但不要用手硬塞。

（七）温度湿度管理

收获后的辣椒极易失水，由此使得果梗变干，甚至果实出现干皱萎蔫，所以贮藏时要求保湿。同时，辣椒对水分特别敏感，贮藏过程中的结露、遇雨或灌溉后立即采收贮藏，均会在贮藏中造成快速而毁灭性的腐烂。辣椒在冷库温度 10~12 ℃ 贮藏条件下，贮藏前期腐烂主要表现在果肉部分，后期腐烂由果梗受侵染程度决定。控制果梗部位的腐烂，可控制辣椒贮藏腐烂，延长贮藏期。

二、装载包装

辣椒在存放和运输过程中需要采用透气性好、防潮、防压、防震的包装才能保证质量。一般来说，采用塑料袋包装的辣椒，需要使用耐压袋，并将其放入纸箱中一起运输。另外，在包装时要注意不能混杂不同品种的辣椒，以避免品质混乱。

外包装材料宜选用瓦楞纸箱或塑料周转箱，内包装可采用厚度小于 0.30 mm，以食品级包装用原纸与塑料为基材的包装用纸和塑料复合膜、袋。符合《运输包装用单瓦楞纸箱和双瓦楞纸箱》（GB/T 6543—2008），《运输包装 可重复使用的塑料周转箱 第 1 部分：通用要求》（GB/T 43133.1—2023），《食品包装用纸与塑料复合膜、袋》（GB/T 30768—2014）的规定。

包装方法：同一包装箱内为同一品种、等级的产品。产品整齐排放，果柄朝下，摆放 2~3 层，层与层之间加隔板，果与果之间加十字隔层防挤压。采用瓦楞纸箱外包装时，箱体两侧应留 2~3 个直径为 1.5 cm 左右的气孔；采用塑料周转箱外包装时，箱底及四周应内衬专用纸。

依据《青椒流通规范》（SB/T 10573—2010）包装箱规格便于青椒的摆放、装卸和运输，可摆放青椒重量宜在 25 kg 以内。

三、运输

（一）温度控制

辣椒的储运温度应该在 5~7 ℃，同时要保持相对湿度在 85% 以上，以保证辣椒的保鲜度。

（二）避免受潮

储存辣椒的场所应该干燥，避免受潮和霉变。运输时需要注意避免雨水和水汽侵入，可以采用塑料薄膜覆盖来隔离潮气。

（三）防止高温

辣椒耐低温，在运输过程中要注意避免高温，以免影响辣椒的口感和品质。所以，在运输时需要选择适宜的季节和运输方式，比如选择晚上或清晨等温度较低的时段进行运输。

【课程资源】

辣椒的储存和包装运输

项目二　设施辣椒的预制处理

【学习目标】

1. 知识目标：了解设施辣椒预制的意义和重要性，熟悉辣椒干制流程和要求、辣椒腌制过程，设施辣椒干制标准，能操作辣椒晒干、阴干和烘干技术。

2. 能力目标：熟练掌握预处理、干制一系列流程，确保干制过程中各环节的顺利进行。

3. 素质目标：通过学习辣椒干制的预处理，认识到食品安全和卫生的重要性，提高自身对食品质量的关注。理解辣椒干制对口感和营养成分的影响，提升对传统美食文化的认识。增强对家乡特色美食的自豪感，为传承和推广家乡美食贡献力量。

任务一　辣椒的干制

一、辣椒干制

辣椒干制，就是利用自然条件或人工措施将鲜椒变成干椒，使椒果水分含量降低到14%左右，以便长途运输和长期贮存。辣椒鲜果不能及时干燥而染菌霉烂、变色的现象十分严重，常导致干辣椒花壳率和白壳率高，从而使其外观品质降低，直接影响干辣椒的商品性和经济效益。

工艺流程：新鲜辣椒→清洗→干燥→分装→检验→成品。

二、干制的基本方法和原理

（一）辣椒干制的基本方法

辣椒可晒干、阴干（风干）或炕（烘）干，干制的方法不同，对辣椒干的外在质量和营养品质都有一定的影响。晒干易产生花皮椒，干制后颜色变淡。阴干的保色效果较好，不易产生花皮椒。采用人工炕干法干制处理，能显著降低辣椒干的花壳率和白壳率，延长辣椒干的运输和贮藏时间，进而提高辣椒干的商品率和经济效益。炕干的保色效果与烘炕技术有很大关系，烘炕温度及时间适宜，保色效果很好；烘炕温度过高，时间过短，易产生黑皮椒；烘炕温度过低，烘炕时间过长，易产生花皮椒。

炕干的速度最快，是高温高湿多雨季节常用的方法，一般30 h左右即可炕干。

春椒抢先上市，主要采取炕干的办法。一般情况下，炕干的一级品率或成品率较高，阴干的次之，晒干的最低。

辣椒素的含量，晒干的最高，阴干的次之，炕干的最低。与晒干相比，炕干还具有增重作用，同样重量和批次的鲜椒炕干的重量较高，一般可增重12%左右，晒干的重量较低。炕干虽然多了燃料费用，但能够早上市，椒色好，成品椒产量高，经济效益显著，因此发展较快。

（二）影响干制的因素

1.温度

干制过程中，温度越高，椒果与环境的蒸汽就越大，椒果中水分蒸发散失的速度就越快。相反，温度越低，椒果的干燥速度就越慢。采用烘炕干制时，温度不宜过高，烘炕温度过高时（较长时间于90 ℃以上），虽然椒果的水分蒸发速度加快，但其中的糖分和其他有机物质常因高温而变成焦化状态，易分解损失，使椒果变成黑皮椒。烘炕干制温度过高，干燥时间过短，易形成水泡椒，即常说的皮焦里黏糊。

2.光照

光照越强，晒干的速度越快。在高温下强光暴晒，会使椒果色素光解，形成花皮椒。高温季节在水泥晒场上晾晒椒果，摊得太薄或翻动不及时，花皮椒的比例会明显增加。

3.湿度

干制过程中，若温度不变，相对湿度越低，干制的速度也越快。采用烘炕干制时，若升高温度，同时又降低相对湿度（通过放风实现），椒果中的水分蒸发就更快，干制速度也更快。因此，烘炕干制辣椒，必须迅速排除湿气。

4.空气流动速度

加快空气流动速度，能够加速椒果干制速度，缩短干制时间和周期。因此，烘炕干制时，多采用热风炕，使用鼓风机加速炕房空气流动速度。整株晾晒和椒果晾晒，也应在通风处进行。同样的气温条件，通风处干燥得快，不通风的地方干燥得慢。

（三）晾晒干制技术

1.晾晒的基本方法

一般在开阔、平坦、干燥、通风向阳的地方晾晒，晾晒的场地应避开公路、池塘、河道。在地面晒场上铺好干净的箔、席、帘或塑料棚布，把准备晾晒的椒果薄薄摊放在垫料上，厚度不宜超过 10 cm。摊放后可用木锨把椒果堆成垄状，以加大与空气接触面，加快晾晒速度。晾晒时，不同等级、规格的椒果，干燥速度不一致，要分开晾晒，距离不要太近，以免混杂。晾晒时要经常翻动，一般可每隔 1~2 h 翻动 1 次，每天翻动 5~8 次。晾晒椒果时，前期需勤翻，后期减少；无风多翻，有风少翻。

2. 成品晾晒的水分指标

无柄椒果水分含量要降到 13% 以下，基本能满足无柄椒果运输、贮存和出口的要求。粗略鉴定水分含量的方法：经过一阶段的晾晒，把椒果对折一下，然后再打开，在对折线上有一条明显的白印但对折处没有断裂，这时椒果的水分含量在 14% 左右，精选后再晾晒 1~2 d 就可以装包贮藏；如对折线断裂，一般水分就降到了 12% 左右，应立即停止晾晒，否则晒得过干在装包时椒果容易破碎。

（四）烘炕干制技术

温度对辣椒干燥的影响最大，其次为风速和装料厚度。最优工艺参数为热风温度 50 ℃、风速 1.4 m/s、装料厚度 45 mm，干燥时间为 20 h。

1. 装炕

将不同质量的椒果分别装盘，厚度 6 cm 左右，装椒约 3 kg/m^2。先将空盘放在炕架最下一层，再放第二层盘，依次向上逐层装放。装好推入炕室，排放整齐，两边不要靠近墙壁。

2. 烘炕

炕室装满后即可点火通风，大火升温至 60 ℃时开始排湿。烘炕温度一般保持在 50~60 ℃，最高不超过 70 ℃。如果温度过高（超过 80 ℃），通过以湿煤压火和控制上煤量调整火势，使温度适当下降。为获得更好的外观品质，可适当降低烘炕温度，使炕温保持在 50~55 ℃的范围。烘炕过程中不倒盘、不翻椒，可一次炕成，十分方便。

3. 出炕

烘炕过程中不断开启出椒门检查椒果干燥程度，炕干后随即出炕。应分批出炕，每次出炕 1~2 架，30 min 左右出炕 1 次，出炕后，将炕室内炕架依次向前移动，从进椒门推进鲜椒炕架，关闭进椒出椒门继续烘炕。如此循环进出椒，一直不停烘炕，速度快，热能散失少，工作效率高。炕干的程度依天气状况而定，如果是晴天，炕到六七成干即可，出炕摊在晒场上晾晒，如果是阴雨天可炕到全干。

4.回潮去柄

椒果炕干后，含水量很低，质地焦脆，容易破碎，需放置 1~2 d 使其自然回潮才能进行去柄、分级、晾晒。

【课程资源】

辣椒的干制

任务二　辣椒制品的加工技术

一、辣椒加工产业的发展现状

辣椒是我国部分地区的主要农作物之一，由于辣椒具有产量高、市场售价稳定等优势而受到农民们的青睐，所以我国也是世界第一大辣椒生产国与消费国。数据显示，2021 年中国辣椒栽培面积约为 82.7 万 hm^2，同比增长 1.6%，辣椒产量约为 2013 万吨，同比增长 2.7%。辣椒制品是以辣椒为原料，添加或不添加辅料加工而成的食品。我国是辣椒生产大国，辣椒制品种类丰富，主要包括油制辣椒制品、发酵类辣椒制品、辣椒干制品和辣椒深加工制品 4 类，常见的产品有油辣椒、辣椒酱、辣椒粉、辣椒罐头、辣椒油等，其中辣椒酱、辣椒粉和火锅底料需求最大。我国总人口 14 亿，而食辣人口比重约 45%，人口总数超过 6 亿。由此可见，我国辣椒制品行业市场发展潜力较大。

二、辣椒制品的加工技术

（一）辣椒脯

1. 工艺流程

原料选择→清洗→去瓤、籽→切片→护色硬化→热烫→糖制→烘干→整理、包装→成品。

2. 技术要点

原料选择：选用八九成熟、无腐烂、无虫害、个大、肉质肥厚、胎座小的新鲜青椒为原料。

清洗：用清水洗净泥沙及杂物。

去瓤、籽：纵切两半，挖去瓤、籽，冲洗干净。

切片：将青椒切成长 3 cm、宽 2 cm 左右的长方形片。

护色硬化：用 0.5% 氢氧化钙溶液浸泡 2 h。青椒在碱液中浸泡，其叶绿素在碱液条件下皂化为叶绿酸盐，从而固定叶绿素，保持绿色。青椒中所含果胶与 Ca_2^+ 反应，生成果胶酸钙，使青椒硬化。

漂洗：用清水漂洗沥干。

热烫：将青椒片投入煮沸的糖液中烫漂 2 min。

糖制：采用蜜制的加工方法，总用糖量与辣椒片量等重。

烘干：将椒片从糖液中捞出，沥干表面的糖液，摆放在烘盘上，送入烘箱中烘干，烘烤温度为 55~60 ℃，烘至不黏手为止，含水量在 20% 左右。

包装：按脯形大小、饱满程度及色泽分选和修整，合格者装入包装袋中。采用真空包装。

（二）辣椒泡菜

1. 工艺流程

泡菜坛的准备→原料选择及处理→配制泡菜盐水→入坛泡制→发酵酸化→成品。

2. 技术要点

泡菜坛的准备：将泡菜坛洗涮干净，装满沸水，杀菌 10 min，控干，备用。

原料选择：选择肉质肥厚、胎座小、硬度好、无虫蛀、无疤痕的辣椒为原料。

原料处理：将挑选好的辣椒用清水冲洗 3~4 次，洗净泥沙和杂质，控干表面的水分。

配制盐水：选用井水或矿泉水配制溶液。按水重加入 6%~8% 食盐、2.5% 白酒、2.5% 黄酒、3% 白糖、1% 干姜片、1% 大蒜瓣。其他香料如 0.1% 八角、0.1% 花椒、0.1% 甘草、草果、橙皮等用纱布包好，备用。

入坛泡制：将处理好的原料装入坛内，要装得紧实，装入半坛时，将准备好的香料包放入坛内，然后继续装坛直到离坛口 6~8 cm 为止。用竹片卡住，盐水要将原料充分淹没。然后盖好坛盖，并在坛口水槽中加注盐水，形成水封口。

发酵酸化：将泡菜坛置于阴凉处任其自然发酵。如室内温度在 15~20 ℃ 的条件下，10~15 d 即可开坛取食。

成品：优质的辣椒泡菜应该是清洁卫生、香气浓郁、质地清脆，含盐 2%~4%，含酸 0.4%~0.8%，保持辣椒原有颜色，酸、甜、碱、辣适口。

（三）辣椒脆片

1. 工艺流程

原料选择及处理→护色硬化→浸渍→沥干→油炸→脱油→冷却→包装→成品。

2. 技术要点

原料选择：选用八九成熟、无腐烂、无虫害、个大、肉质肥厚、胎座小的新鲜青椒为原料。

原料处理：将青椒充分洗涤，然后纵切两半，挖去内部的瓤、籽，用清水冲洗、沥干，再切成长 3 cm、宽 1.5~2 cm 的长方形椒片。

护色硬化处理：将椒片放入 0.5% 的 Ca（OH）$_2$ 溶液中浸泡 2 h，进行硬化和护色处理。

浸渍：将切好的椒片放入糖液中浸糖，糖液采用 25% 的白糖、3% 的食盐及少量的味精和香料混合而成，时间为 3~4 h。

沥干：用水把附在椒片表面的糖液冲去，沥干。

油炸：炒勺内放生油，烧至七八成熟，将椒片放入炸制，炸制时应注意火候，需不断翻动。待椒片表面的泡沫全部消失，捞出。如有真空油炸机，在真空条件下油炸和脱油，则成品质量更佳。油炸真空度 90 kPa，温度 85 ℃ 以下，油炸时间 5 min。

脱油：将椒片表面的油控干，也可用离心机除去多余的油分。

冷却：将脱油后的椒片冷却至 40 ℃ 左右。

包装：按片形大小、饱满程度及色泽分选，合格者采用真空包装。

【课程资源】

辣椒制品的加工技术

项目三　实训

【学习目标】

1.知识目标：熟悉设施辣椒干制品有效成分含量检测方法、新产品加工方法，能掌握设施辣椒干制品的检测技术、分级标准，能正确判断设施辣椒干制品质量，能正确操作设施辣椒干制品检测技术，能操作设施辣椒分级技术。

2.能力目标：能够对设施辣椒进行分级，具备判断设施辣椒干制品质量的能力，具备检测设施辣椒干制品有效成分含量的能力。

3.素质目标：通过对新产品加工方式的学习，引导学生提升创新创业意识，增强创造力，增强创新能力，提升创新信心。

实训一　辣椒采摘

一、目的

1.掌握采摘技巧：使学生了解并掌握设施辣椒的正确采摘方法，包括如何判断辣椒成熟度、如何正确摘取等。

2.提高劳动技能：通过实践训练，提升学生的动手能力和劳动技能，增强其实践操作能力。

3.培养团队协作精神：在实践过程中，鼓励学生分工合作，共同完成采摘任务，培养其团队协作精神和集体荣誉感。

4.增强对农业生产的认识：通过亲身体验采摘过程，更加深入地了解农业生产的艰辛和乐趣，增强对农业生产的认识和尊重。

二、内容

（一）采摘前准备

知识讲解：在采摘前，教师应对学生进行知识讲解，包括辣椒的生长习性、采摘时机（如成熟度判断）、采摘工具的使用等。

安全教育：强调采摘过程中的安全注意事项，如穿戴合适的服装和鞋子，避免使用有毒有害物质等。

（二）采摘技巧演示

示范操作：教师或技术人员应现场示范正确的采摘方法，包括如何握住辣椒柄、如何轻轻扭动使其脱离植株等。

注意事项：强调采摘过程中应注意力度适中，避免损坏辣椒果实和植株；提醒学生注意个人防护，避免被辣椒汁液辣到手和眼。

（三）分组实践

分组安排：将学生分成若干小组，每组分配一定的采摘区域和任务量。

实践操作：学生在教师或技术人员的指导下进行实践操作，按照正确的采摘方法进行辣椒采摘。

过程指导：教师在实践过程中应巡回指导，及时纠正学生的错误操作，解答学生的疑问。

（四）成果展示与总结

成果展示：各小组展示采摘成果，分享采摘经验和心得。

总结反思：对整个实践训练过程进行总结反思，分析实践过程中的得失和经验教训，提出改进意见以便在今后的学习中加以应用和改进。

三、步骤

1. 理论学习：首先进行辣椒生长习性、采摘技巧等相关知识的理论学习。

2. 示范操作：教师或技术人员进行现场示范操作，让学生直观了解正确的采摘方法。

3. 分组实践：学生分组进行实践操作，按照正确的采摘方法进行辣椒采摘。

4. 成果展示与总结：展示采摘成果并进行总结反思，提升学生的实践能力和认知水平。

四、注意事项

1. 安全第一：在实践过程中要始终把安全放在首位，确保学生的人身安全。

2. 尊重劳动成果：教育学生在采摘过程中要尊重劳动成果，避免浪费和破坏。

3. 注重团队协作：鼓励学生在实践过程中分工合作，相互配合共同完成采摘任务。

4. 及时反馈与指导：教师在实践过程中要及时给予学生反馈和指导，帮助其纠正错误操作，提高采摘效率和质量。

实训二　椒果的分级

一、按照椒果商品性状分级

基本要求：新鲜，果面清洁，无杂质，无虫及病虫造成的损伤，无异味。

一等规格：外观一致，果梗、萼片和果实呈该品种固有的颜色，色泽一致；质地脆嫩；果柄切口水平整齐（仅适用于灯笼形）；无冷害、冻害、灼伤及机械损伤，无腐烂。

二等规格：外观基本一致，果梗、萼片和果实呈该品种固有的颜色，色泽基本一致；基本无绵软感；果柄切口水平整齐（仅适用于灯笼形）；无明显的冷害、冻害、灼伤及机械损伤。

三等规格：外观基本一致，允许稍有异色，果柄劈裂的果实数不超过2%，果实表面允许有轻微的干裂缝及稍有冷害、冻害、灼伤、机械损伤。

二、辣味标准化分级

1912年，美国科学家韦伯·史高维尔首次制定了辣椒评判标准。

评判方法：将辣椒磨碎后，用糖水稀释，直到尝不到辣味，这时稀释的倍数就代表了辣椒的辣度。

实训三　干辣椒的分级

根据干辣椒的国家标准，参考国外对干椒等级规格要求，一般将无柄干椒分为红椒一级品、红椒二级品、二红椒、青椒一级品、等外品5个等级。

一、红椒一级品

干椒中去掉不完整、异品种或自然变异产生的过大、过小、过粗、过细及长度不符合要求的，挑出颜色不够鲜红或呈浅红色的，挑出沾染泥沙等异物擦拭干净的，挑出带有果柄去掉果柄果蒂的，挑出湿椒重新晾晒，剩下的就是红椒一级品。

二、红椒二级品

红椒二级品与一级品主要差别是色泽上的差异，二级品颜色淡于一级品。

三、二红椒

二红椒是指红色不够深的椒果，有的基本是黄色，这类椒果成熟度不足，价格较低。

四、青椒一级品

指没有成熟的椒果，多是副侧枝或生长较晚的椒果。

五、等外品

水分含量超过14%的称为等外品。等外品主要质量要求是控制水分含量，因为水分含量影响贮存。

实训四　水分检测

一、原理

利用食品中水分的物理性质，在 101.3 kPa（一个大气压）、101~105 ℃下采用挥发方法测定样品中干燥减失的重量，包括吸湿水、部分结晶水和该条件下能挥发的物质，再通过干燥前后的称量数值计算出水分的含量。

二、仪器和设备

1. 扁形铝制或玻璃制称量瓶。

2. 电热恒温干燥箱。

3. 干燥器：内附有效干燥剂。

4. 天平：感量为 0.1 mg。

三、分析步骤

步骤 1：取洁净铝制或玻璃制的扁形称量瓶，置于 101~105 ℃干燥箱中，瓶盖斜支于瓶边，加热 1 h，取出盖好，置干燥器内冷却 0.5 h，称量，并重复至前后两次质量差不超过 2 mg，即为恒重。

步骤 2：将混合均匀的试样迅速磨细至颗粒小于 2 mm，不易研磨的样品应尽可能切碎，称取 2~10 g 试样（精确至 0.000 1 g），放入此称量瓶中，试样厚度不超过 5 mm（如为疏松试样，厚度不超过 10 mm），加盖，精密称量后，置于 101~105 ℃干燥箱中，瓶盖斜支于瓶边，干燥 2~4 h 后，盖好取出，放入干燥器内冷却 0.5 h 后称量。

步骤 3：再放入 101~105 ℃干燥箱中干燥 1 h 左右，取出，放入干燥器内冷却 0.5 h 后再称量。重复以上操作至前后两次质量差不超过 2 mg，即为恒重。

注：两次恒重值在最后计算中，取质量较小的一次称量值。

四、分析结果的表述

试样中的水分含量，按下式进行计算：

$$X = \frac{m_1 - m_2}{m_1 - m_3} \times 100$$

式中：

X——试样中水分的含量，单位为"g/100 g"；

m_1——称量瓶和试样的质量，单位为"g"；

m_2——称量瓶和试样干燥后的质量，单位为"g"；

m_3——称量瓶的质量，单位为"g"；

100——单位换算系数。

水分含量 >1 g/100 g 时计算结果保留 3 位有效数字；水分合量 <1 g/100 g 时，计算结果保留 2 位有效数字。

练习思考题

一、选择题

1. 不属于辣椒椒果分拣流程的是（　　）。

  A. 去除杂质　　　　　　　　B. 椒果分拣

  C. 挑选优质产品　　　　　　D. 避免损伤

2. 包装箱规格便于青椒的摆放、装卸和运输，可摆放青椒最大重量宜在（　　）以内。

  A.15 kg　　　　B.20 kg　　　　C.25 kg　　　　D.30 kg

3. 辣椒的储运温度应该在 5~7 ℃，同时要保持相对湿度在（　　）以上，以保证辣椒的保鲜度。

  A.70%　　　　B.80%　　　　C.85%　　　　D.90%

4. 辣椒干制，就是利用自然条件或人工措施将鲜椒变成干椒，使椒果水分含量降低到（　　）左右，以便长途运输和长期贮存。

  A.13%　　　　B.14%　　　　C.15%　　　　D.16%

5. 将泡菜坛置于阴凉处任其自然发酵。如室内温度在 15~20 ℃的条件下，约（　　）即可开坛取食。

  A.5~7 d　　　　B.10~15 d　　　　C.15~20 d　　　　D.20~25 d

二、填空题

1. 辣椒在存放和运输过程中需要采用_____、_____、_____的包装才能保证质量。

2. 辣椒在窖内的存放形式主要有：_____、_____、_____三种。

3. 辣椒干制工艺流程：_____→_____→_____→_____→_____。

4. 烘炕干制技术最优工艺参数为热风温度_____、风速_____m/s、装料厚度_____mm，干燥时间为_____h。

5. 我国是辣椒生产大国，辣椒制品种类丰富，主要包括_____、_____、_____和_____4 类。

三、判断题

1. 常规设施辣椒栽培以无限分枝型品种为主，椒果成熟时间不一致，下部椒果

已红，上部还在开花，这类椒可以分批进行收获。（　　）

2. 色浅绿，手按觉软的未熟果及开始转色或完全熟的果实均不宜长贮；已显现红色的果实，由于采后衰老很快，也不宜长期贮藏。（　　）

3. 与晒干相比，炕干还具有增重作用，同样重量和批次的鲜椒炕干的重量较高，一般可增重 12% 左右。（　　）

4. 辣椒脆片原材料选用完全成熟、无腐烂、无虫害、个大、肉质肥厚、胎座小的新鲜青椒为原料。（　　）

5. 根据辣椒干的国家标准，参考国外对干椒等级规格要求，一般将无柄干椒分为红椒一级品、红椒二级品、二红椒、青椒一级品、等外品 5 个等级。（　　）

四、思考题

1. 简述辣椒果实的成熟度与耐贮性的重要关系。

2. 简述辣椒加工产业的发展前景。

3. 简述辣椒干的分级情况。

练习思考题参考答案

模块一　参考答案

一、选择题

1.D　2.B　3. A　4.B　5.D

二、填空题

1.线椒　羊角辣椒　牛角辣椒

2.土壤　温度　水分

3.土层深厚　结构良好　有机质丰富

4.25~33　20~27　25~30

5.黑暗避光　较强　中等

三、判断题

1.×　2.×　3.√　4.×　5.√

四、思考题

1.贺兰线椒果实粗长，青果翠绿，红果鲜艳，光滑顺直。用手轻轻一掰，声音清脆，皮薄肉厚，入口无渣，辣味适中。彭阳辣椒，宁夏固原市彭阳县特产，全国农产品地理标志产品。辣椒果实粗长，牛角形，成熟果长25~30 cm，果肩横径5 cm左右，果面光亮，微有皱褶，黄绿色，色泽鲜丽，口感微辣，辣味适中，辣而不烈，果肉厚，果实坚硬，商品性好。青铜峡辣椒，宁夏吴忠市青铜峡市特产，全国农产品地理标志产品。"羊角辣椒"这一地区传统的优良品种，其长25 cm左右，蒂圆，向下逐变尖，并常呈螺旋弯曲状，颇似羊角，亦称"尖辣椒"。

2.食用价值：辣椒可以鲜食也可以加工成干货。辣椒作为一种大众蔬菜，其食用方法多样，是人们餐桌上不可或缺的蔬菜。药用价值：辣椒在中国具有悠久的食疗应用历史，多种中药古籍都记载了辣椒的药用功能。观赏价值：观赏辣椒是茄科辣椒属的多年生草本花卉，以其多样化的果实颜色和形状而闻名。

模块二　参考答案

一、选择题

1.D　2.A　3.B　4.A　5.B

二、填空

1. 日光温室　塑料拱棚　大跨度保温大棚　连栋温室。

2. 水质成分　pH 值　病原菌含量

3. 喷洒　熏蒸　注射

4. 3~7 d

5. 7.0~8.0

三、判断题

1.√　2.√　3.√　4.×　5.√

四、思考题

1. 整地是通过对土壤环境的人为改善，为辣椒的生长创造更好的土壤环境。整地的主要作用是改善幼苗生长所需的立地条件，例如，有些地区土壤条件较为恶劣，不适合植物的生长，但通过人为改造土壤，能在环境恶劣的地区实现栽培，促进当地生态环境的平衡。许多环境恶劣的地区，常伴随着水土流失、土地沙漠化等较为严重的生态现象，对农作物的生产栽培、人们的生活环境造成不良的影响，而通过对土地环境的改善，有效缓解栽培区域的土壤质量。另外，整地可以显著改善幼苗的生长环境，去除杂草，提高幼苗成活率。

2. 土壤是病虫害传播的主要媒介，也是病虫害繁殖的主要场所。许多病菌、虫卵和害虫都在土壤中生存或越冬。土壤中还常存有杂草种子。土传病害若不加以控制，会造成作物严重减产或降低产品质量，一般减产 20%~40%，严重时减产可达60%，甚至绝收，因此土壤消毒至关重要。土壤消毒能有效杀灭土壤中的病原菌、病毒、杂草种子等，减少病虫害的发生，降低农业生产风险，提高农作物产量。

模块三　参考答案

一、选择题

1.D　2.A　3.D　4.B　5.B

二、填空题

1. 温度　光照　浇水　施肥　病虫害防治

2. 高产　早熟　肉质厚　抗病虫　生育期长

3. 穴盘育苗　漂浮育苗

4. 600~800 倍

134

5. 保护性杀菌剂　　治疗性杀菌剂　　铲除性杀菌剂

三、判断题

1. √　2. ×　3. √　4. √　5. √

四、思考题

1. 辣椒种类较多，品种间生物学特性相差较大，产量和用途也差异明显，设施辣椒品种选择一定要以生产目的和当地适宜栽培的主推类型作为依据。品种选择要以大面积推广的成熟优质品种为选择对象，要了解所选品种的生物学特征和品种属性，选择具有优质、高产、早熟、肉质厚、抗病虫、生育期长的品种。宁夏当前栽培的主要品种类型是羊角辣椒、牛角辣椒和线椒等国内栽培面积较大的成熟品种。

2. 穴盘育苗技术是一种比较先进的育苗技术，可以帮助辣椒种苗快速生长、提高抗病能力强，从而在移栽后快速恢复生长，提高辣椒产量。但是由于穴盘育苗环境的相对封闭和较高温度，在过度育苗过程中，容易诱发一些病虫害，例如根瘤线虫、灰霉病等。这些病虫害会严重影响辣椒植株的生长发育，进而影响产量。穴盘育苗过程需要保持一定的温度和湿度，需要进行高强度的灌溉管理和光照控制。一旦管理不当，会造成穴盘内氧气和二氧化碳浓度失衡，进而对辣椒苗生长产生不良的影响。穴盘育苗技术需要使用专门的育苗器具、育苗介质和农药等，且穴盘育苗过程需要对苗床进行密切监测和管理，这些都需要耗费大量的劳动力和资源。

模块四　参考答案

一、选择题

1. D　2. B　3. C　4. D　5. C

二、填空

1. 营养生长期　　生殖生长期

2. 滴灌技术　　喷灌技术　　微喷灌技术

3. 营养生长

4. 水肥一体化追肥技术　　叶面喷施　　穴施

5. 抗寒　　抗旱　　抗病能力

三、判断题

1. √　2. √　3. ×　4. √　5. ×

四、思考题

1. 水肥一体化是把液态或固态速溶肥溶于水中，以水带肥浇水、施肥同步进行的综合技术。一般在设施生产中将所需水溶肥料以适宜浓度溶解于水桶等器皿中，以水为载体，灌溉的同时完成施肥过程。肥料养分随灌溉水渗入到土壤中，再通过质流、扩散和根系截获等方式到达根表。

2. 定植水：辣椒幼苗在移栽时需要充分浇水，使土壤湿润，帮助幼苗适应新环境。缓苗水：在定植后的 5~7 d，浇缓苗水，促进新叶的生长，帮助幼苗快速恢复。蹲苗：在生长初期，适当控制水分和养分供应，促进根系生长和花芽分化。初花期：植株需水量增加，可以大量供水，以满足开花和分枝的需要。果实膨大期：是辣椒需水的高峰期，需保证适量的水分供应，避免过量供水导致病害发生和品质降低。

3. 防治杂草是各类农作物生产中的重要环节。杂草的生长会与农作物争夺养分、水分和光照，导致作物生长发育不良，直接危害农作物的产量和质量。杂草还会对农作物根系造成物理损伤，影响农作物的正常生长。因此，定期进行除草有助于保护农作物生长。经过除草处理，能够减少杂草与农作物的竞争，提高作物自身对养分、水分和光照的利用率，有助于增加农作物产量。

模块五　参考答案

一、选择题

1.D　2.B　3.B　4.A　5.A

二、填空

1. 农艺防治　化学防治

2. 真菌性病害　细菌性病害　病毒病

3. 化学合成杀虫剂　生物源杀虫剂　矿物源杀虫剂

4. 花蕾　花朵　果实

5. 深翻土壤和药物相结合　灌根

三、判断题

1.√　2.√　3.√　4.×　5.√

四、思考题

1. 选用抗病品种；与非十字花科和茄果类蔬菜实行 2~3 年的轮作；收获后及时清除病残体；播种前进行种子消毒；发病初期或灌溉过后及时喷药保护。

2.以保持和优化农业生态系统为基础，建立有利于各类天敌繁衍和不利于虫草害孳生的环境条件，提高生物多样性，维持农业生态系统的平衡。优先采用农业措施，如选用抗病虫品种、实施种子种苗检疫、培育壮苗、加强栽培管理、中耕除草、耕翻晒土、清洁田园、轮作倒茬、间作套种等。尽量利用物理和生物措施，如温汤浸种控制种传病虫害，机械捕捉害虫，机械或人工除草，用灯光、色板、性诱剂和食物诱杀害虫，释放害虫天敌控制害虫等。必要时合理使用低风险农药，如没有足够有效的农业、物理和生物措施，在确保人员、产品和环境安全的前提下，按照规定配合使用农药。

3.辣椒炭疽病主要危害接近成熟的果实和叶片。果实染病后，最先出现湿润状、褐色椭圆形或不规则形状的病斑，患病部分会略微凹陷，斑面出现明显环纹状的橙红色小粒点，后转变为黑色小点，此为病菌的分生孢子盘。天气潮湿时溢出淡粉红色的粒状黏稠物，此为病菌的分生孢子团。天气干燥时，病部干缩变薄成纸状且易破裂。叶片染病后，受害初期病斑为点状淡绿色，后扩大为褐色接近圆形，病斑周围呈黄绿色晕圈，病斑直径约 1 mm。后期病斑中间常破裂，病叶早落。在雨后或湿润时，病斑上常产生粉红色分生孢子堆或黑色小点。

模块六 参考答案

一、选择题

1.D 2.C 3.C 4.B 5.B

二、填空题

1.透气性好 防潮 防压防震

2筐贮 架贮 散藏

3.新鲜辣椒→清洗→干燥→分装→检验→成品

4.50 ℃ 1.4 45 20、

5.油制辣椒制品 发酵类辣椒制品 辣椒干制品和辣椒深加工制品

三、判断题

1.√ 2.√ 3.√ 4.× 5.√

四、思考题

1.长期贮藏应选用果实已充分膨大，营养物质积累较多，果肉厚而坚硬，果面有光泽且尚未转红的绿熟果；色浅绿，手按觉软的未熟果及开始转色或完全熟的果实均不宜长贮；已显现红色的果实，由于采后衰老很快，也不宜长期贮藏。

2.辣椒是我国部分地区的主要农作物之一，由于辣椒具有产量高、市场售价稳定等优势而受到农民的青睐，所以我国也是世界第一大辣椒生产国与消费国。根据数据显示，2021年中国辣椒栽培面积约为82.7万hm^2，同比增长1.6%，辣椒产量约为2013万吨，同比增长2.7%。辣椒制品是以辣椒为原料，添加或不添加辅料加工而成的食品。我国是辣椒生产大国，辣椒制品种类丰富，主要包括油制辣椒制品、发酵类辣椒制品、辣椒干制品和辣椒深加工制品4类，常见的产品有油辣椒、辣椒酱、辣椒粉、辣椒罐头、辣椒油等，其中辣椒酱、辣椒粉和火锅底料需求量最大。目前我国总人口达到14亿，而食辣人口比重约45%，食辣人口总数超过6亿。由此可见，我国辣椒制品行业市场发展潜力较大。

3.红椒一级品：干椒中去掉不完整、异品种或自然变异产生的过大、过小、过粗、过细及长度不符合要求的，挑出颜色不够鲜红或呈浅红色的，挑出沾染泥沙等异物擦拭干净的，挑出带有果柄去掉果柄果蒂的，挑出湿椒重新晾晒，剩下的就是红椒一级品。红椒二级品：红椒二级品与一级品主要差别是色泽上的差异，二级品颜色淡于一级品。二红椒：是指红色不够深的椒果，有的基本是黄色，这类椒果成熟度不足，价格较低。青椒一级品：指没有成熟的椒果，多是副侧枝或生长较晚的椒果。等外品：水分含量未达到14%以下的称为等外品。主要质量要求是控制水分含量，因为水分含量影响贮存。

参考文献

［1］邹学校，朱凡．辣椒的起源、进化与栽培历史［J］.园艺学报，2022（06）：1371-1381.

［2］付浩，张小明，田浩．辣椒产业发展现状分析及建议：基于贵州辣椒产业高质量发展分析研究［J］.耕作与栽培.2024（02）：146-150.

［3］邹学校，胡博文，熊程，等.中国辣椒育种60年回顾与展望［J］.园艺学报.2022（10）：2099-2118.

［4］刘建宁，靳芙蓉.西宁地区日光温室辣椒品比试验［J］.农业科技通讯，2018（12）:155-157.

［5］黎万寿，陈幸.辣椒的研究进展［J］.中国中医药信息杂志，2002（03）：82-84.

［6］中华人民共和国农业部.辣椒技术100问［M］.中国农业出版社，2009.

［7］李素贞.农业气象条件对辣椒栽培的影响［J］.农业科技与信息，2012（17）：16-17.

［8］李建明.设施蔬菜产业发展（三）我国蔬菜设施结构现状、问题与建议［J］.中国蔬菜，2023（11）：1-8.

［9］孙敏.设施蔬菜病虫害发生特点与绿色防控技术［J］.农业开发与装备，2022(10)：206-207.

［10］刘玉红，大棚辣椒种植技术及常见病虫害防治［J］.种子科技，2024（08）：89-91，100.

［11］张丽娜.耕整地机械的作业现状及发展方向分析［J］.农机使用与维修，2022（06）：48-50.

［12］顾玉奎，努尔德汗·阿吾汗拜.绿色食品蔬菜农业综合防治病虫害技术［J］.现代化农业，2015（11）：5-6.

［13］盖志武，魏丹，汪春蕾，等.采用微波替代甲基溴消毒棚室土壤技术综述［J］.黑龙江农业科学，2006（06）：73-76.

［14］Kapagianni PD, Boutsis G, Argyropoulou MD, etal.The network of interactions among soil quality variables and nematodes：short-term responses to disturbances induced by chemical and organic disinfection［J］.Applied Soil Ecology，2010（01）：67-74.

［15］张庭发，杨进波，易小光，等.土壤消毒方法综述［J］.云南农业，2017（12）：43-45.

［16］许如意，李劲松，等.浅谈无土栽培基质消毒［J］.现代园艺，2007（03）：31-32.

［17］李建设，高艳明．日本设施环保土壤消毒技术［J］．西北园艺，2003（11）：52-53.

［18］龙光桥．设施土壤的药物消毒方法［J］．湖南农业，2008（04）：18.

［19］张升．土壤的新型消毒方法［N］．新疆科技报（汉），2012-12-07.

［20］冯建涛，陈相辉，逄明明．腐熟堆肥法处理畜禽粪便技术措施分析［J］．家禽科学，2022（09）：38-40.

［21］冯丽丽，张群英．日光温室辣椒的栽培管理技术探析［J］．种子科技，2023，41（21）：96-98.

［22］娄美玲．日光温室辣椒春提早栽培技术［J］．农村科技，2022（04）：49-52.

［23］姜发洋，张鼎州，吴凤莲，等．辣椒育苗技术［J］．现代农业科技，2018（21）：91-93.

［24］曹涤环．怎样正确使用杀菌剂［J］．农业知识，2013（22）：42-44.

［25］曹涤环．杀菌剂的作用及使用方法［J］．农业知识．2020（18）：20-22.

［26］刘志雄，袁伟玲，陈卫芳，等．瓜类蔬菜漂浮育苗技术［J］．湖北农业科学，2022（S1）：256-258.

［27］佘文惠，余文中，赖卫，等．辣椒漂浮育苗技术［J］．农技服务，2013（11）：1205，1208.

［28］杨红，姜虹．辣椒漂浮育苗技术的研究及应用［J］．长江蔬菜，2011（20）：31-33.

［29］王敬云．嵩县大章镇朝天椒优质高产栽培技术［J］．农业科技与信息，2016（22）.

［30］陈磊夫，刘志雄，袁伟玲，等．大白菜漂浮育苗关键技术［J］．长江蔬菜，2019（18）：17-19.

［31］段启容．遵义市辣椒种植技术及病虫害防治［J］．中南农业科技，2024（06）：91-93.

［32］吴瑞娟．辣椒生长的三维可视化模拟研究［D］．咸阳：西北农林科技大学，2009.

［33］白爱红．隆德县设施大棚辣椒栽培技术［J］．中国农技推广，2023（05）：56-57.

［34］鲁智国．农田灌溉节水技术滴灌、喷灌与微喷灌的效果对比分析［J］．智慧农业导刊，2024（01）：31-34.

［35］范中菡，彭雪梅，庞攀，等．氨基酸水溶肥促进桃苗生长［J］．中南农业科技，2023（04）：11-14.

［36］曹恭，梁鸣早，杨青山．平衡栽培体系中的农业栽培措施（四）［J］．中国土壤与肥料，2007（05）：80-83.

［37］陈健，穆克利，王顺建，等．辣椒新品种黄帅916的选育及高产栽培技术［J］.

现代农业科技，2019（22）：48-49.

［38］裴二鹏.荞麦中耕除草机的设计研究［D］.太原：山西农业大学.2022.

［39］姚秋菊.疫情期做好朝天椒育苗工作［N］.河南科技报，2020-03-06.

［40］李云增.农药使用方法简介［J］.中国植保导刊，2021（07）：108.

［41］叶潇潇.辣椒主要病虫害的危害症状及防治方法［J］.甘肃农业科技，2016
（03）：87-90.

［42］孙晶，李勇.线辣椒绿色高质高效栽培关键技术要点［J］.农村实用技术，2022
（07）：62-64.

［43］于凌春，耿建芬.辣椒疫病与枯萎病的症状鉴别及无害化治理技术研究［J］.
中国果菜，2005（16）：28-29.

［44］张传雷，许大伟.草莓病虫害的发生与防治技术探讨［J］.果农之友，2023（12）：
84-86.

［45］刘昌文.辣椒主要病害防控技术要领［J］.农技服务，2014（05）：62，66.

［46］莫贱友.番茄枯萎病和青枯病的诊断与防治技术［J］.长江蔬菜，2004（05）：
28-29.

［47］邓军，丁淑萍，陈勇，等.辣椒病虫害综合防治技术［J］.农村科技，2008（10）：
33-34.

［48］毛芙蓉，王厚继，潘博，等.辣椒病毒病的发生和防治［J］.南方农业，2019（24）：
35-36.

［49］杀虫剂简介［J］.甘肃农业大学学报，2021（06）：18.

［50］孙峰梅，郭长波，高学清，等.园林生物农药及其使用技术浅谈［J］.江西植保，
2007（01）：44-48.

［51］邹钦.卫生杀虫剂的合理选择与配制［J］.中华卫生杀虫药械，2005（01）：
16-18.

［52］孔令娟，陈泉生，孟凡磊，等.绿色食品娃娃菜（小白菜）生产技术规程［J］.
上海蔬菜，2020（03）：25-27.

［53］梁晓艳.山西定襄县辣椒主要病虫害防治与防控措施［J］.农业工程技术，2020
（17）：27.

［54］刘畅.农药的二次稀释方法［J］.农家致富，2019（12）：29.

［55］王迪轩.黄花菜生产要高度重视蚜虫的防治［J］.农药市场信息，2014（19）：49.

［56］李英华.荷兰豆主要病虫害防治［J］.青海农技推广，2012（01）：59-60.

［57］高倩，周鑫.黄花菜蓟马的综合防治技术［J］.长江蔬菜，2013（01）：46.

［58］梁文珍.几种辣椒制品的加工技术［J］.农村实用工程技术，1999（10）：32.

附录 常用计量单位

单位符号	单位名称
hm^2	公顷
t	吨
cm	厘米
m	米
m^2	平方米
m^3	立方米
g	克
kg	千克
mg	毫克
mL/kg	毫升每千克
g/kg	克每千克
mL/L	毫升每升
μg/kg	微克每千克
d	天
min	分钟
h	小时
℃	摄氏度
lx	勒克斯
L	升
g/m^3	克每立方米